畜禽健康高效养殖环境手册

丛书主编：张宏福　林　海

水牛健康高效养殖环境手册

杨承剑◎主编

中国农业出版社

北　京

内 容 简 介

　　家畜生产力的高低20％取决于遗传品质的好坏，40％～50％取决于饲料营养与饲养管理条件，30％～40％取决于所处的环境条件。尽管水牛对高温高湿气候条件的适应性比较强，但饲养环境条件对其生长及生产性能的影响仍不容忽视。本书主要介绍了国内外水牛饲养设施发展现状与趋势、养殖设施与水牛福利、饲养环境对水牛生产与健康的影响、国内外水牛环境参数标准及研究进展、水牛饲养环境参数及限值和不同饲养模式下水牛防暑降温措施案例。本书以图文并茂并结合视频的写作方式对水牛饲养环境进行了介绍，涵盖了目前关于水牛饲养环境方面的主要生产实际及最新内容，是首部专门针对水牛饲养环境进行系统阐述的书籍，具有较强的实用性，可供广大水牛养殖技术工作者、水牛养殖经营管理人员及相关人员参考。

丛书编委会

主任委员： 杨振海（农业农村部畜牧兽医局）

李德发（中国农业大学）

印遇龙（中国科学院亚热带农业生态研究所）

姚　斌（中国农业科学院北京畜牧兽医研究所）

王宗礼（全国畜牧总站）

马　莹（中国农业科学院北京畜牧兽医研究所）

主　编： 张宏福（中国农业科学院北京畜牧兽医研究所）

林　海（山东农业大学）

编　委： 张宏福（中国农业科学院北京畜牧兽医研究所）

林　海（山东农业大学）

张敏红（中国农业科学院北京畜牧兽医研究所）

陈　亮（中国农业科学院北京畜牧兽医研究所）

赵　辛（加拿大麦吉尔大学）

张恩平（西北农林科技大学）

王军军（中国农业大学）

颜培实（南京农业大学）

施振旦（江苏省农业科学院畜牧兽医研究所）

谢　明（中国农业科学院北京畜牧兽医研究所）

杨承剑（广西壮族自治区水牛研究所）

黄运茂（仲恺农业工程学院）

臧建军（中国农业大学）

孙小琴（西北农林科技大学）

顾宪红（中国农业科学院北京畜牧兽医研究所）

江中良（西北农林科技大学）

赵茹茜（南京农业大学）

张永亮（华南农业大学）

吴　信（中国科学院亚热带农业生态研究所）

郭振东（军事科学院军事医学研究院军事兽医研究所）

本书编写人员

主　　编：杨承剑（广西壮族自治区水牛研究所）

副 主 编：梁贤威（广西壮族自治区水牛研究所）

　　　　　李孟伟（广西壮族自治区水牛研究所）

参　　编：庞春英（广西壮族自治区水牛研究所）

　　　　　梁　辛（广西壮族自治区水牛研究所）

　　　　　谢　芳（广西壮族自治区水牛研究所）

　　　　　唐振华（广西壮族自治区水牛研究所）

序一

　　畜牧业是关系国计民生的农业支柱产业，2020 年我国畜牧业产值达 4.02 万亿元，畜牧业产业链从业人员达 2 亿人。但我国现代畜牧业发展历程短，人畜争粮矛盾突出，基础投入不足，面临"养殖效益低下、疫病问题突出、环境污染严重、设施设备落后"4 大亟需解决的产业重大问题。畜牧业现代化是农业现代化的重要标志，也是满足人民美好生活不断增长的对动物性食品质和量需求的必由之路，更是实现乡村振兴的重大使命。

　　为此，"十三五"国家重点研发计划组织实施了"畜禽重大疫病防控与高效安全养殖综合技术研发"重点专项（以下简称"专项"），以畜禽养殖业"安全、环保、高效"为目标，面向"全封闭、自动化、智能化、信息化"发展方向，聚焦畜禽重大疫病防控、养殖废弃物无害化处理与资源化利用、养殖设施设备研发 3 大领域，贯通基础研究、共性关键技术研究、集成示范科技创新全链条、一体化设计布局项目，研究突破一批重大基础理论，攻克一批关键核心技术，示范、推广一批养殖提质增效新技术、新方法、新模式，推进我国畜禽养殖产业转型升级与高质量发展。

养殖环境是畜禽健康高效生长、生产最直接的要素，也是"全封闭、自动化、智能化、信息化"集约生产的基础条件，但却是长期以来我国畜牧业科学研究与技术发展中未予充分重视的短板。为此，"专项"于2016年首批启动的5个基础前沿类项目中安排了"养殖环境对畜禽健康的影响机制研究"项目。旨在研究揭示畜禽舍温热、有害气体、光照、群体密度、空气颗粒物气溶胶5类主要环境因子及其对畜禽生长、发育、繁殖、泌乳、健康影响的生物学机制，提出10种主要畜禽高密度养殖环境参数及其多元化控制模型，为我国不同气候生态区安全、高效养殖畜禽舍建设、环境控制提供依据，支撑"全封闭、自动化、智能化、信息化"养殖方式发展重大需求。

以张宏福研究员为首席科学家，由36个单位、94名骨干专家组成的项目团队，历时5年"三严三实"攻坚克难，取得了一批基础理论研究成果，发表了多篇有重要影响力的高水平论文，出版的《畜禽环境生物学》专著填补了国内外在该领域的空白，出版的"畜禽健康高效养殖环境手册"丛书是本专项基础前沿理论研究面向解决产业重大问题、支撑产业技术创新的重要成果。该丛书包括：猪、奶牛、肉牛、水牛、肉羊（绵羊、山羊）、蛋鸡、肉鸡、肉鸭、蛋鸭、鹅共11种畜禽的10个分册。各分册针对具体畜种阐述了现代化养殖模式下主要环境因子及其特点，提出了各环境因子的控制要求和标准；同时，图文并茂、视频配套地提供了先进的典型生产案例，以增强图书的可读性和实用性，可直接用于指导"全封闭、自动化、智能化、信息化"养殖场舍建设和环境控制，是畜牧业转型升级、高质量发展所急需的工具书，填补了国内外在畜禽健康养殖领域环境控制图书方面的空白。

"十三五"国家重点研发计划"养殖环境对畜禽健康的影响机制研究"项目聚焦"四个面向"，凝聚一批科研骨干，带动畜禽环境科学研究，是专项重要的亮点成果。但养殖场舍环境因子的形成和演变非常复杂，养殖舍环境因子对畜禽生产、健康乃至疫病防控的影响至关重要，多因子耦合优化调控还需要解决一系列技术经济工程难题，环境科学也需要"理论—实践—理论"的不断演进、螺旋式上升发展。因此，希望国家相关科技计划能进一步关注、支持该领域的持续研究，也希望项目团队能锲而不舍，抓住畜禽健康养殖和重大疫病防控"环境"这个"牛鼻子"继续攻坚，为我国畜牧业的高质量发展做出更大贡献。

陈焕春

2021 年 8 月

序二

畜牧业是关系国计民生的重要产业，其产值比重反映了一个国家农业现代化的水平。改革开放以来，我国肉蛋奶产量快速增长，畜牧业从农村副业迅速成长为农业主导产业。2020 年我国肉类总产量 7 639 万 t，居世界第一；牛奶总产量 3 440 万 t，居世界第三；禽蛋产量 3 468 万 t，是第二位美国的 5 倍多。但我国现代畜牧业发展时间短、科技储备和投入不足，与发达国家相比，面临养殖设施和工艺水平落后、生产效率低、疫病发生率高、兽药疫苗用量较多等影响提质增效的重大问题。

养殖环境是畜禽生命活动最直接的要素，是畜禽健康高效生产的前置条件，也是我国畜牧业高质量发展的短板。2020 年 9 月国务院印发的《关于促进畜牧业高质量发展的意见》中要求，加快构建现代养殖体系，制定主要畜禽品种规模化养殖设施装备配套技术规范，推进养殖工艺与设施装备的集成配套。

养殖环境是指存在于畜禽周围的可以直接或间接影响畜禽的自然与社会因素的集合，包括温热、有害气体、光、噪

1

声、微生物等物理、化学、生物、群体社会诸多因子,以及复杂的动态变化和各因子间互作。同时,养殖业高质量发展对环境的要求也越来越高。因此,畜禽健康高效养殖环境诸因子的优化耦合控制不仅是重大的生产实践难题,也是深邃的科学研究难题,需要实践—理论—实践的螺旋式发展,不断积累丰富、不断提升完善。

"十三五"国家重点研发计划"畜禽重大疫病防控与高效安全养殖综合技术研发"专项将"养殖环境对畜禽健康的影响机制研究"列入基础前沿类项目(项目编号:2016YFD0500500),并于 2016 年首批启动。旨在研究揭示畜禽舍温热、有害气体、光照、群体密度、空气颗粒物气溶胶 5 类主要环境因子,以及影响畜禽生长、发育、繁殖、泌乳、健康的生物学机制,提出 11 种主要畜禽高密度养殖环境参数及其多元化控制模型,为我国不同气候生态区安全、高效养殖畜禽舍建设、环境控制提供依据,支撑"全封闭、自动化、智能化、信息化"现代养殖方式发展的重大需求。项目组联合全国 36 个单位、94 名专家协同攻关,历时 5年,取得了一批重要理论和专利成果,发表了一批高水平论文，出版了《畜禽环境生物学》专著，制定了一批标准，研发了一批新技术产品，对畜牧业科技回归"以养为本"的创新方向起到了重要的引领作用。

"畜禽健康高效养殖环境手册"丛书是在"养殖环境对畜禽健康的影响机制研究"项目各课题系统总结本项目基础理论研究成果，梳理国内外科学研究积累、生产实践经验的基础上形成的，是本项目研究的重要成果。丛书的出版，既体现了重点研发专项一体化设计、总体思路实施，也反映了基础前沿研究聚焦解决产业重大问题、支撑产业创新发展宗旨。丛书共 10 个分册，内容涉及猪、奶牛、肉牛、水牛、肉羊（绵羊、山羊）、蛋鸡、肉鸡、肉鸭、蛋鸭、鹅共 11 种畜禽。各分册针对某一畜禽论述了现代化养殖模式、主要环境因子及其特点，提出了各环境因子的控制要求和标准，力求"创新性、先进性"，希望为现代畜牧业的高质量发展提供参考。同时，图文并茂、视频配套的写作方式及先进的典型生产案例介绍，增加了丛书的可读性和实用性。但不同畜禽高密度养殖的生产模式、技术方向迥异，特别是肉牛、肉羊、奶牛、鹅等畜种不适宜全封闭养殖。因此，不同分册的体例、内容设置需要考虑不同畜禽的生产养殖实际，无法做到整齐划一。

丛书出版是全体编著人员通力协作的成果，并得到了华沃德源环境技术（济南）有限公司和北京库蓝科技有限公司的友情资助，在此一并表示感谢！

尽管丛书凝聚了各编著者的心血，但编写水平有限，书中难免有错漏之处，敬请广大读者批评指正。

我们期望丛书的出版能为我国畜禽健康高效养殖发展有所裨益。

丛书编委会

2021 年春

据 FAO（2020）统计，目前全世界水牛总数约20 096.77万头，整个亚洲国家水牛数量占全世界水牛总数的97.1%。我国水牛资源丰富，有2 733.84万头，约占全世界水牛总数的13.3%，居世界第3位，仅次于印度和巴基斯坦。我国水牛分布于南方18省（自治区），集中于广西、广东、湖北、湖南、云南、贵州、四川7个省（自治区）。

据史料考证，我国水牛经过驯化选育和饲养管理已有7 000多年之久。长期以来，水牛主要作为役用动物，为我国南方农业生产力的发展做出了巨大贡献。随着我国机械化程度的提高及人们生活水平的不断改善，水牛已经从单一的役用型逐渐转向肉用、乳用及乳肉兼用型方向发展，饲养模式也从单一的农户散养模式转向小区化养殖和规模化养殖。自2000年来，我国及世界各国的水牛科研工作有了很大进展，这在一定程度上促进了水牛科学研究和生产的发展。尽管我们在水牛育种与繁殖、胚胎生物技术、营养与饲料、乳品加工等方面取得了许多成果，但令人遗憾的是，迄今尚未有一本比较详细、系统地阐述水牛饲养环境方面的图书。

  在"十三五"国家重点研发计划项目资助，以及项目首席科学家、"畜禽健康高效养殖环境手册"丛书主编张宏福研究员的指导下，在参考了诸多水牛养殖专业人士建议的基础上，广西壮族自治区水牛研究所具有丰富实践经验与理论知识的7位水牛研究专家历时一年多，共同编写了《水牛健康高效养殖环境手册》，以弥补水牛饲养环境研究图书方面的空白。

  本书主要分为四章，介绍了水牛饲养设施与环境、国内外水牛环境参数现状、水牛饲养环境参数及限值和水牛饲养环境控制案列。不仅有理论知识，更突出了实践经验，具有较强的实用性，可供广大水牛养殖技术工作者、水牛养殖经营管理人员及水牛科学研究人员参考。

  受编写水平所限，书中难免有纰漏谬误之处，敬请读者批评指正。

编者
2021 年 5 月

1

第一章
水牛饲养设施与环境

第一节　水牛饲养设施现状

一、国际水牛饲养设施发展趋势

水牛（*Bubalus bubalis*）与黄牛（*Bos taurus*）同科不同属。水牛分为非洲野水牛（*Syncerus caffer*）和亚洲水牛（*Bubalus bubalis*）2 个种。驯养水牛主要指亚洲水牛，根据外形特征、染色体数量及用途不同，可分为河流型水牛和沼泽型水牛 2 个亚种（Desta，2012）。河流型水牛具有 50 条染色体，主要为乳用；而沼泽型水牛只有 48 条染色体，主要为役用。据粮农组织（the Food and Agriculture Organization，FAO）统计，至 2019 年全世界水牛总数为 20 096.77 万头。

在西方国家，乳品市场的快速饱和使得乳品企业面临的竞争日益激烈，水牛及其乳肉制品有利于企业实现产品差异化和增强竞争力。水牛主要分布于具有湿热气候条件的热带和亚热带国家，其中 86.8% 的水牛分布于东南亚国家（印度、巴基斯坦、中国），再加上其他国家（如泰国、印度尼西亚、越南、孟加拉国、尼泊尔、斯里兰卡、缅甸、老挝、柬埔寨、伊朗），整个亚洲国家的水牛总数占全世界的 97.1%（FAO，2020）。

许多研究表明,家畜生产力的高低 20％取决于遗传品质的好坏,40％～50％取决于饲料营养及饲养管理条件,30％～40％取决于所处的环境条件。饲养环境已被现代畜牧业放在与遗传、饲料和疾病防治并列重要的地位,成为制约畜牧业发展的四大要素之一。由于世界各地饲养管理模式、气候条件及生产目的等不同,因此水牛饲养环境管理具有很大差异性,由此带来的是在饲养管理、遗传改良等方面产生的系列福利问题。另外,水牛饲养规模的逐步增加使得设施机械化程度也逐渐提高。

水牛饲养设施的机械化包括牧草收获机械化、饲料加工机械化和水牛饲养机械化。其中,水牛饲养机械化包括饲喂、供水、粪便处理、牛舍及环境控制、泌乳和牛奶初加工等的机械化。水牛饲养设施是随着水牛饲养管理方式的差异而有所不同,而水牛的饲养管理方式取决于饲养目的和农场技术水平,在不同地区也会有所变化。以前水牛产业主要分布在沼泽地区、传统放牧地区及土壤贫瘠地区。农村地区的水牛饲养管理仍处于传统的方式。近年来,水牛产业转向集约化生产模式,逐渐采用奶牛上成熟的使用技术,包括犊牛人工饲喂、机器挤奶、小间隔断圈养等。目前尚无专门针对水牛养殖方面的机械研发,规模化水牛养殖场所用到的设施均与饲养荷斯坦奶牛的相似,如全混合日粮搅拌车、牧草收割机、饲料粉碎机、自动挤奶机、通风系统等。

（一）印度

印度的水牛饲养管理模式可划分为以下三类(Singh 和 Barwal,2010)：

1. 粗放模式　主要指小农户的饲养模式,其特点为最多饲养 2头。水牛在非雨季节自然放牧,在雨季时圈养,主要饲喂农副产物。分布在偏僻地区,花费的家庭劳动力少,投资最少,采用简单、传统的饲养技术。

2. 半集约化模式 这种饲养模式主要分布在灌溉地区，通过种植牧草、玉米秸秆和精饲料等饲养水牛，以舍内饲养为主。

3. 集约化模式 这种饲养模式下，牛群规模限制在 5～100 头，以乳用为主，主要分布在邻近人口稠密的地区，饲草和精饲料等来源于本地种植。印度水牛饲养设施状况分别见图 1-1 至图 1-3。

图 1-1 放牧状态下的水牛

（资料来源：Prem Singh Yadav，2020）

图 1-2 规模化水牛养殖场（舍外）

（资料来源：Prem Singh Yadav，2020）

图 1-3 规模化水牛养殖场（舍内）

（资料来源：Prem Singh Yadav，2020）

（二）巴基斯坦

2020年统计显示，巴基斯坦国民经济生产总值的 19.3% 依赖于农业，而其中畜牧业的贡献率占农业的 60.56%，畜牧业主要用于提供乳和肉，其总产奶量的 60.39% 为水牛乳。巴基斯坦大城市

图 1-4 巴基斯坦规模化水牛养殖运动场

（资料来源：Faizul Hassan，2020）

周边有许多奶水牛场，然而其绝大多数为小农户饲养，巴基斯坦90％以上的牛奶来源于小农户养殖场（Wynn 等，2017），其管理并没有遵循任何科学性，在水牛健康、繁殖及营养方面缺乏指导。小农户的社会地位通常比较低，水牛养殖中可获得的来自畜牧、金融和市场销售等方面的投入比较少，犊牛疾病发生率和死亡率较高、非正常育种、营养不均衡、无法获得贷款等问题较多。在巴基斯坦，77％的犊牛主要用于促进母牛在泌乳初期泌乳，这些犊牛通常在6～12月龄断奶（Khan等，2007）。巴基斯坦水牛养殖设施状况分别见图1-4至图1-10。

图1-5 规模化水牛养殖场饲槽
（资料来源：Faizul Hassan，2020）

图1-6 规模化水牛养殖场水槽
（资料来源：Faizul Hassan，2020）

图 1-7　规模化水牛养殖场牛舍

（资料来源：Faizul Hassan，2020）

图 1-8　规模化水牛养殖场水池

（资料来源：杨承剑，2020）

图 1-9　水牛产奶比赛现场

（资料来源：杨承剑，2020）

图 1-10　水牛产奶比赛现场御寒措施

（资料来源：杨承剑，2020）

（三）意大利

在意大利，过去水牛采取的是粗放的饲养管理方式（Borghese，2013），饲养员手工挤奶，但目前逐渐实现了集约化管理。水牛圈养在挤奶厅附近的围栏里，每天用机器挤奶 2 次。母牛通常在 1—3 月经诱导发情后采用人工授精方式以保证春季前产犊（约 50％的繁殖率），因为在春、夏季牛奶的市场需求旺盛，价格也更高。人工授精 1 个月后的空怀母牛采用自然配种方式可获得 30％的繁殖率，总计可达 80％的繁殖率。饲料通过混合机混合后被送至牛舍，粪便的清运及堆贮也是机械化。后备母牛采用集约化的饲养管理方式，以便在 20 月龄以前达到初情期，采用的设施与泌乳期水牛的一致。犊牛出生后通常与母牛分开，饲养于独立的笼内 1～2 个月，以避免交叉感染和减少能量消耗，先用奶瓶饲喂初乳，然后再喂配方奶。独立饲养 1～2 个月后，犊牛再集中实行多头饲养管理方式，饲喂代乳粉、开食料、精饲料和优质干草，直到断奶（公犊牛大约出生后 3 个月断奶，母犊牛出生后 3～5 个月断奶）。意大利水牛养殖状况分别见图 1-11 至图 1-23。

图 1-11　规模化水牛养殖场牛舍外观

（资料来源：庞春英，2020）

图 1-12　规模化水牛养殖场牛舍内部
（资料来源：梁贤威，2020）

图 1-13　规模化水牛养殖场卧床
（资料来源：梁贤威，2020）

图 1-14　规模化水牛养殖场喷淋降温设施
（资料来源：梁贤威，2020）

图 1-15　规模化水牛养殖场运动场
（资料来源：庞春英，2020）

图 1-16　规模化水牛养殖场内部道路
（资料来源：庞春英，2020）

图 1-17　规模化水牛养殖场犊牛舍
（资料来源：庞春英，2020）

图 1-18　规模化水牛养殖场犊牛饲喂设施

（资料来源：庞春英，2020）

图 1-19　规模化水牛养殖场推料设施

（资料来源：庞春英，2020）

图 1-20　规模化水牛养殖场犊牛舍内部设施
（资料来源：庞春英，2020）

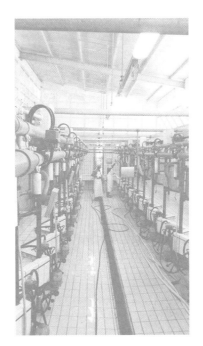

图 1-21　规模化水牛养殖场挤奶设施
（资料来源：庞春英，2020）

图 1-22　规模化水牛养殖场饲料仓库内部
（资料来源：庞春英，2020）

图 1-23　规模化水牛养殖场粪污处理池
（资料来源：梁贤威，2020）

（四）其他国家和地区

北非和中东地区饲养的大部分水牛主要集中于尼罗河三角洲一带，主要是以地中海水牛为主的河流型水牛，农户采用传统模式饲养，水牛主要用于产奶和产肉。越南国家水牛的饲养数量约238.79万头，绝大部分为沼泽型水牛，也有小部分为河流型水牛，作为役用，犊牛可跟随其母亲吮乳一直到1～2岁。伊朗国家的水牛大多为小农户饲养，圈养数量一部分在5头以下，一部分在20～50头，少部分在300头以上（Safari等，2018）。

欧洲水牛饲养数量最多的国家是意大利，约有40.08万头，其次是保加利亚，其他国家的水牛饲养数量较少，大部分在1万头以下（Borghese，2013）。在欧洲，6～90日龄的地中海水牛通常饲养于一个独立的犊牛岛内（约2.3m²）（Vecchio等，2013）。公犊牛圈养于育肥场内，主要用于产肉。母牛以开放式管理为主。罗马尼亚国家的水牛在冬季通常以圈养或者拴养的方式饲养，主要饲喂干草、麸皮、精饲料、青贮饲料，在天气暖和的季节则以放牧为主。欧洲和亚洲部分国家的水牛养殖场设施状况分别见图1-24至图1-35。

图 1-24　土耳其规模化水牛养殖场牛舍

（资料来源：梁贤威，2020）

图 1-25　土耳其规模化水牛养殖场运动场
(资料来源：梁贤威，2020)

图 1-26　土耳其规模化水牛养殖场挤奶厅设施
(资料来源：梁贤威，2020)

图 1-27　土耳其规模化水牛养殖场运动场
（资料来源：庞春英，2020）

图 1-28　埃及规模化水牛养殖场饲喂及遮阴设施
（资料来源：梁贤威，2020）

图 1-29　埃及规模化水牛养殖场饮水槽
（资料来源：梁贤威，2020）

图 1-30　泰国水牛
（资料来源：Metha Wanapat，2020）

图 1-31　泰国农户饲养的水牛

（资料来源：Metha Wanapat，2020）

图 1-32　泰国放牧饲养的水牛

（资料来源：Metha Wanapat，2020）

19

图 1-33　泰国规模化水牛养殖场牛舍

（资料来源：梁贤威，2020）

图 1-34　泰国规模化水牛养殖场挤奶厅设施

（资料来源：梁贤威，2020）

图 1-35　泰国规模化水牛养殖场池塘、运动场及遮阴设施
(资料来源：梁贤威，2020)

二、我国水牛饲养设施现状与趋势

　　我国水牛资源丰富，有水牛 2 733.84 万头，约占全世界水牛总数的 13.3%，居世界第 3 位，仅次于印度和巴基斯坦(FAO，2020)。我国的水牛绝大多数为沼泽型水牛，有 27 个地方品种和 3 个引进品种，其中云南的槟榔江水牛是我国唯一的河流型水牛。我国水牛分布于南方 18 个省(自治区)，集中于广西、广东、湖北、湖南、云南、贵州、四川7个省（自治区）。据史料考证，我国水牛经过驯化选育和饲养管理已有 7 000 多年之久。长期以来，水牛主要作为役用，为我国农业生产力的发展做出了巨大贡献。随着我国机械化程度的提高，水牛已经从役用型逐渐转向肉用、乳用及乳肉兼用型方向发展。为了提高本地水牛的产奶水平，我国于1957 年、1974 年和2014 年分别引进了摩拉水牛、尼里-拉菲水牛和地中海水牛 3 个世界著名的河流型水牛品种，在南方各省进行纯种繁殖和杂交改良，已经培育出体型好、产奶性能较高的乳肉兼用型水牛，提高了水牛饲养的经济效益和社会效益。

我国水牛饲养设施在不同饲养模式条件下有一定差异。

(一) 我国水牛饲养模式

1. 农户饲养模式 在我国,农村家庭饲养水牛的数量一般为1~3头,主要是放牧饲养及人工饲养,饲喂农作物副产物,不添加精饲料,饲养的水牛主要用于使役(图1-36至图1-38)。

图1-36 农户饲养水牛模式
(资料来源:庞春英,2020)

图1-37 农户饲养水牛圈舍设施
(资料来源:庞春英,2020)

图 1-38　农户饲养水牛放牧模式
（资料来源：庞春英，2020）

2. 标准化小区饲养模式　政府主导下的小区饲养是专门计划、管理和建造的，只有合格的申请者才允许进入小区饲养水牛（视频 1），每个小区的水牛数量有 100～300 头（图 1-39 和图 1-40）。小区实行独特的育种、疾病防控、饲养方式，产品买卖完全按小区实施。在这种饲养方式下，水牛奶的产量和质量都显著提

视频 1

图 1-39　水牛标准化饲养小区设施
（资料来源：张华智，2020）

图 1-40　水牛标准化饲养小区运动场设施
（资料来源：张华智，2020）

高。另外，这种饲养模式更有利于组织农户了解、深入市场并改善水牛饲养的整体效率，也是向大规模饲养方式的一种转变。然而，小区饲养模式也存在管理水平参差不齐、分布不均及可能造成的环境污染等问题。

3. 集约化饲养模式　随着水牛产业的发展，小规模的饲养无法保证水牛奶的供应，因此大规模的水牛农场（1 000～2 000头）开始出现（图 1-41 和图 1-42）。农场采取先进的饲养管理措施，采用机械设备来进行日常操作，来提高水牛奶的产量和质量，降低生产成本，增加水牛养殖的经济效益。然而，大规模的农场需要投入更多的资金，风险也更大，目前我国只有少量集约化水牛饲养农场。

4. 国家级水牛育种场　广西壮族自治区水牛研究所育种场（以下简称"育种场"）是我国唯一的国家级水牛育种场，水牛存栏数量超过 1 000 头，包含摩拉水牛、尼里-拉菲水牛、地中海水牛和部分本地杂交品种，为全国水牛提供种牛与冻精，也是我国水牛

图 1-41 广西百菲乳业股份有限公司牧场牛舍设施

（资料来源：李均钦，2020）

图 1-42 广西龙州甘牛养殖有限公司牛舍内部

（资料来源：梁辛，2020）

科学研究的重要依托基地（图 1-43 至图 1-45）。由于建设时间较早，因此目前广西壮族自治区水牛研究所牛舍多为 20 世纪早期的砖瓦结构，虽后期又加盖钢架大棚用于遮阴，但限于场地等原因，总体设施还是较为老旧。目前，广西壮族自治区水牛研究所正在按国内甚至国际一流水牛标准化养殖场水平筹建新的水牛养殖基地。

图 1-43　育种场尾对尾式牛舍
（资料来源：杨承剑，2020）

图 1-44　育种场遮阴设施
（资料来源：杨承剑，2020）

图 1-45 育种场运动场设施
（资料来源：杨承剑，2020）

（二）拴系式饲养

　　我国农村地区使役用的水牛多为沼泽型，以放牧为主，而肉用及乳用的河流型水牛则以全舍饲为主，包括拴系式饲养等。拴系式饲养是水牛的传统饲养方式，其特点是需要修建比较完善的牛舍。舍内每头牛都有固定的牛床，牛床前设置食槽和饮水系统，用颈夹或其他设施将奶水牛固定在舍内，水牛采食、休息和挤奶都在同一场地上进行（图 1-46）。这种饲养方式的优点是管理细致，能做到区别对待，有效减少水牛之间的竞争。缺点是劳动

图 1-46 奶水牛拴系饲养
（资料来源：李孟伟，2020）

强度大，生产效率较低。如果颈夹设计不合理或缰绳长度不合适可能造成水牛起卧不便，乳头、关节和肢体损伤增多。

（三）散栏式饲养

散栏式饲养是将水牛的采食区域和休息区域完全分离，每头水牛都有足够的采食位和单独的卧栏；挤奶厅和牛舍完全分离，整个牛场设立专门的挤奶厅，牛群定时到挤奶厅进行集中挤奶。这种饲养方式更符合水牛的行为习性和生理需要，水牛能够自由饮食和活动，很少受人为约束，活动空间相对增加，有利于增强体质，便于实现机械化和程序化管理。散栏式饲养集约化程度较高，在欧洲国家水牛生产中应用较为普遍，我国大型水牛场也有采用这种饲养方式的。但是采用该种饲养模式时，水牛共同使用饲草和饮水设备，因此传染病也较多；粪尿排泄地点分散，易造成潜在的环境污染；散栏式卧栏和挤奶厅的投资很高。为了增加水牛的活动范围，一般在舍外设计运动场以供水牛活动。

（四）水牛养殖设施

大部分地区水牛养殖的机械化程度较低，尤其是农户饲养模式下基本以人工饲喂为主。规模化水牛养殖场配备与荷斯坦奶牛饲养场所采用的类似设施（视频2），如全混合日粮搅拌车、铡草机、大型青贮窖、青贮打包机、撒料车、机械粉料机、钢架遮阴棚等。在夏季高温季节，规模化水牛养殖场都配备自动喷淋装置及风扇以降低热应激对水牛的影响，有的养殖场还专门给水牛配备泡澡的池塘。相对于国内大型荷斯坦奶牛养殖场来说，即便是规模化水牛养殖场其机械化水平也有待进一步提高。我国水牛饲养设施情况分别见图1-47至图1-66。

视频2

图 1-47　农户养殖水牛牛舍设施
（资料来源：李孟伟，2020）

图 1-48　育种场犊牛饲喂设施
（资料来源：杨承剑，2020）

图 1-49　育种场犊牛圈舍
（资料来源：梁辛，2020）

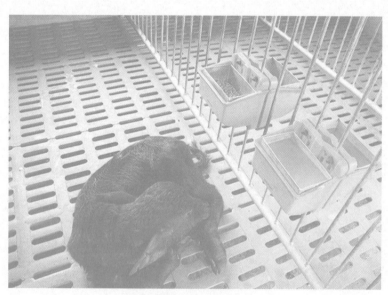

图 1-50　育种场犊牛饲养漏缝地板
（资料来源：梁辛，2020）

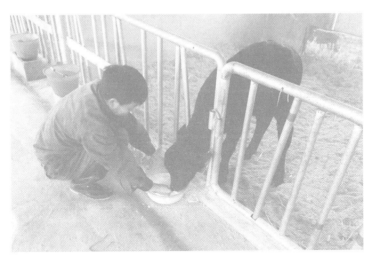

图 1-51　人工饲喂水牛犊牛
（资料来源：梁辛，2020）

图 1-52　育种场犊牛饲养圈舍
（资料来源：杨承剑，2020）

图 1-53　育种场老式遮阴棚
（资料来源：杨承剑，2020）

图 1-54　育种场青贮取料机
（资料来源：杨承剑，2020）

图 1-55　水牛饲养中常见的草料粉碎机
（资料来源：杨承剑，2020）

图 1-56　育种场机械卸料
（资料来源：杨承剑，2020）

图 1-57　育种场草料运输用拖拉机
（资料来源：杨承剑，2020）

图 1-58　育种场挤奶设施
（资料来源：杨承剑，2020）

图 1-59　育种场部分机械设备
（资料来源：杨承剑，2020）

图 1-60　育种场固定式 TMR 饲料制备机
（资料来源：杨承剑，2020）

图 1-61　育种场立式牵引 TMR 饲料搅拌机
（资料来源：杨承剑，2020）

图 1-62　育种场草料粉碎机
（资料来源：杨承剑，2020）

图 1-63　育种场喷淋降温设施
（资料来源：杨承剑，2020）

图 1-64　育种场降温用风扇
（资料来源：杨承剑，2020）

图 1-65　广西东园生态农业科技有限公司青贮饲料配制设施
（资料来源：傅伟文，2020）

图 1-66　广西东园生态农业科技有限公司运动场
（资料来源：傅伟文，2020）

三、养殖设施与水牛福利

动物福利的定义不仅受促进动物精神和肉体健康的生物学组成的影响，也受社会对美好生活质量的认知和期望的影响。关于在水牛养殖中实现良好福利的最佳实践是由哪些部分构成的，动物福利提出了道德的、文化的、科学的、实践的问题。世界动物卫生组织认为，动物福利是指动物如何适应其生存的环境，其对动物福利的指导原则通常包括五个"自由"：免受饥饿、营养不良及干渴的自由；免受恐惧和痛苦的自由；免受身体及热不舒适的自由；免受痛苦、伤害及疾病的自由；行为方式正常表达的自由（Swanson，2017）。水牛饲养设施与其福利良好程度密切相关。

（一）牛舍选址与布局

1. 选址 水牛舍布局的总体原则是利于防疫及生产。设计和建造一个水牛养殖场或围栏通常要考虑地形、气候、水牛年龄和体型大小、空间和饲料需要、劳动力及管理技能的可获得性。地址应选择地势高燥、地形平坦、开阔、背风向阳、空气流通、光照充足、排水良好的地方，丘陵地带应选阳坡，坡度小于20%，既方便运输又利于防疫要求。所建牛舍距交通要（干）道、厂矿企业、市场、学校及生活区等公共场所500m以上，距离其他畜禽养殖场或养殖小区500m以上，距离屠宰场、畜产品加工厂、垃圾及污水处理场所、风景旅游及水源保护区2 000m以上，具备基本的水电和通信条件。不适宜在水源保护区、旅游区、自然保护区、环境严重污染区、畜禽疫病常发区、山谷洼地、易受洪涝威胁地段等区域建造水牛场。

2. 牛舍设计 我国水牛舍有全敞开式、半敞开式两种，按照内容结构可分为单列式、双列式，双列式又可分为对头式和对尾式

（图 1-67 至图 1-70）（章纯熙，2000）。对头式是奶水牛圈舍最常用的布置方式，便于实现饲喂的机械化，易于观察水牛的采食情况，方便水牛进出卧栏。对尾式饲喂牛舍常见于拴系饲养工艺牛舍，也常用于产牛舍，这种布置便于观察、处理产牛的情况。根据饲养水牛的年龄、性别差异，又可将牛舍分为犊牛舍、育成牛舍、成年牛

图 1-67　双列对头式牛舍横切面图

（资料来源：梁辛，2020）

图 1-68　双列对尾式牛舍图

（资料来源：梁辛，2020）

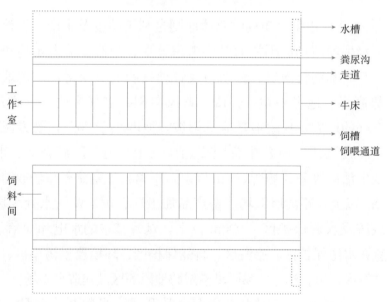

图 1-69　双列对头式牛舍平面图（一）

（资料来源：梁辛，2020）

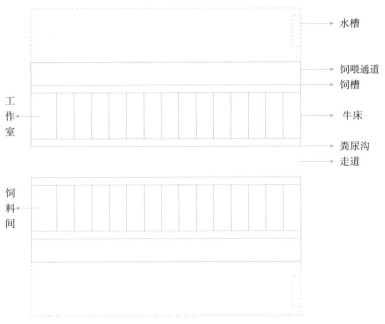

图 1-70　双列对头式牛舍平面图（二）

（资料来源：梁辛，2020）

舍和种公牛舍。

（1）犊牛舍　小规模的水牛场和养殖户一般不另设置犊牛舍，犊牛拴系于母牛舍一侧。只有大型水牛养殖场才设置犊牛舍（栏），犊牛舍可分为单栏牛舍和群栏牛舍两类。单栏犊牛舍主要适合饲养 30 日龄以内的犊牛。其尺寸要求：栏宽 100cm，深 130cm，高 100cm，门宽 60cm，栏栅间距 10cm，颈夹宽 15cm。有条件的牛场对犊牛实行一犊一栏的饲养管理方式（视频 3）。当犊牛学会人工哺乳时，就慢慢让其从颈夹伸出头吮乳

视频 3

视频 4

或单独拴系一处（视频 4），使其习惯这种管理方式，同时也易于饲养人员在犊牛哺乳时操作。

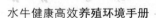
根据犊牛年龄大小可以组成群栏犊牛舍，主要目的是节约土地和建筑费用。缺点是犊牛可能会相互舔吮（视频5），导致交叉感染疾病，不易管理、调教。各种群栏的尺寸建议见表1-1。

视频5

表1-1　各种群栏的尺寸要求

年龄 (d)	饲养密度 （头/栏）	栏宽 (cm)	栏深 (cm)	门宽 (cm)	颈夹宽 (cm)	栏高 (cm)	食槽 (cm)	走道宽 (cm)
1～15	4～6	270	300	70	13～14	100～110		130
16～30	6～8	400	300	90	15～17	100～110		130
31～60	8～10	550	300	90	18～19	100～110	300×30	130
61～90	10～12	720	300	90	22	100～110	300×30	130

栏舍材料一般地面为混凝土，2%的坡度，要求粗糙；颈夹和门用钢管做成，颈夹的卡拴和活动杆至少有两格，以便随时调整颈夹宽度；隔栏可用砖砌或钢管做成。

（2）育成牛舍和成年牛舍　多采用双列式，只有小型家庭牧场采用单列式或单双混合式。对于育成公水牛一般在18月龄前后进行分群管理，此前公、母合群饲养，有利于促进性器官的发育，分群过晚容易发生早配现象。穿鼻一般于18月龄时进行，最迟不要超过24月龄。鼻环应以不易生锈且坚固耐用的金属制作而成（图1-71）。第一次所戴鼻环较小，待成年后再换成大的鼻环。戴好鼻环的水牛在1个月内可慢慢做牵遛运动，以使其习惯于受鼻环控制，经过一段时间训练后就能轻松地按饲养人员的指令行动。

育成水牛在4月龄就需要进行定位调教。育肥水牛以舍饲为主，牛舍内部尺寸要求见表1-2。

图 1-71　戴鼻环的水牛

（资料来源：杨承剑，2020）

表 1-2　育肥牛舍内设施尺寸（cm）

左右边走道宽	左右边食槽宽	左右边牛床长	左右边排粪沟宽	中走道宽	颈枷距牛床宽	颈夹宽	颈夹高	食槽前沿高	食槽后沿高
150	80	200	30	180	120～130	30	150	50	30

（3）种公牛舍　多为单列式，有的采用通槽分开饲养，有的为一牛一栏的封闭饲养。

①单列式　后走道宽 150cm，粪沟宽 35cm，牛床长 250cm、宽 180cm，食槽前沿高 80cm、后沿高 40cm，隔墙为前高后矮，前高 180cm、后高 100cm，前走道宽 180cm。

②单栏式　栏宽 260cm、深长 270cm，门宽 95cm，隔栏高 140cm，栏栅间距 30cm。食槽设在门的一侧，前高 60cm、后高 30cm、长 80cm、宽 60cm，栏外走道宽 150cm。种公牛在栏内自由活动，粪尿沟设在栏北面一侧。

（二）牛舍内部设施

1. 牛床　紧靠料槽，其长、宽取决于牛体大小，同时要考虑

牛的舒适性和牛体清洁度，要能满足水牛自然躺卧和站立，一般长1.5～1.8m、宽1.10～1.30m。牛床地面要结实，防滑，易于冲刷，并向粪沟作2°倾斜。可用粗糙水泥地面或硬砖铺设，用水泥抹缝。

2. 固定架（颈夹）　一般为镀锌管、钢管。间隔距离青年牛为18～22cm、成年泌乳牛为20～27cm，高130～150cm。

3. 饲槽和水槽　饲槽设在颈夹前面，与饲喂通道连在一起，槽宽40～50cm，高度比饲喂通道低10～20cm，饲槽底部比牛床高10～20cm，以方便饲喂及清洁（图1-72和图1-73）。水槽放在运动场边沿，高50～80cm、宽40～60cm，长度可根据牛的饲养数量而定，也可用牛用自动饮水器代替水槽。一般每隔2头牛提供一个饮水碗，设在相邻卧栏隔栏的固定立柱上（图1-73），安装时要高出卧床70～75cm。也有的牛场不安装饮水器，等牛吃完料后直接将水放入槽内供其饮用。这种饮水方式只能定期为水牛提供饮水，很难保证足够的饮水量，不利于产奶量的提高。此外，设计时要确保水槽周围有足够的空间，防止水牛饮水时影响其他牛正常通行。

图1-72　规模化水牛养殖的运动场水槽　　　　图1-73　牛舍水槽布置
（资料来源：杨承剑，2020）　　　　　　　　（资料来源：梁辛，2020）

4. 挤奶设施 可采用人工挤奶或机器挤奶。机器挤奶又分移动式（视频6）、管道式和厅式，牛场应根据牛群规模、资金条件、经济效益等综合考虑。

视频6

5. 运动场 通常与牛舍相连，设在每个牛场的一侧，水牛可以直接进入运动场。运动场可设置1～2个250cm宽的推拉门，以方便牛群放牧和牛粪运输。成年奶水牛每头所需运动场面积为20m²及以上，育成牛每头需15～20m²，犊牛每头需12～15m²。运动场四周设120cm高以上的围墙或栏杆。运动场地面一般以水泥混凝土硬化或红砖侧砌，并向排水沟倾斜20%～30%的坡度。运动场应配备水槽、食槽、遮阴及防雨设施，有条件者可安装风扇和冷水机等防暑降温设备（图1-74）。运动场的设计需要避免水平上的突然改变、较差的光照、狭窄的通道和不方便之处或90°转弯。运动场应当足够牢固，尤其是关押区域周边，因为同等尺寸条件下水牛对运动场的破坏能力比黄牛更强。设施需具有充分约束力以保证水牛检查和治疗需要。跑道及定位栏的设计能保证充分限制水牛及相关控制人员。头部固定设施能保证牛只迅速释放并

图1-74 规模化水牛养殖场舍内降温冷风机及其管道

（资料来源：梁辛，2020）

能避免窒息危险。公牛运动架主要用于公牛加强运动，防止公牛过肥。运动场地面、遮阴处、圈内和装卸台表面应既有防滑处理措施但又能便于日常清洁。此外，运动场应具有充分的坡度以保证能有效排水。

6. **通道** 主要分为饲喂通道和清粪通道。单列式饲喂通道位于饲槽与墙壁之间，宽 1.2~1.5m；双列式饲喂中间走道宽 1.4~1.7m，两侧走道宽 1.2~1.5m；机械化饲喂通道其宽度根据设备而定，为 2~2.5m。

清粪通道的宽度依据清粪工具不同而有所差别，但其宽度不宜小于 2 m，且与粪尿沟成 2%~3% 的坡度。

过道、跑道、入口处和出口处的设计需要充分考虑水牛的群体行为及运动方式。通道最好设计成直线状，必须拐弯处则要设计成圆角。进入挤奶台的入口应避免设置弯道或台阶。良好设计的运动场可充分利用水牛追随领头牛的自然行为，鼓励牛群通过自由运动的方式通过以上设施。有效的视觉障碍、可见的通道和大门出入口有助于水牛轻松通过。控制区域设计时应当尽量考虑要减少对水牛造成的应激或使其受伤，允许其能站立、躺卧或运动。

7. **粪尿池和粪尿沟** 在卧栏和清粪通道之间设有粪尿沟，通常是明沟（图 1-75）。对尾式圈舍的粪尿沟位于牛床和走道之间，宽

图 1-75 规模化水牛养殖场粪尿沟
（资料来源：杨承剑，2020）

20~40cm，深10~30cm，并向贮粪池一边倾斜2％~3％的坡度。如为对头式则位于靠墙位置。也可采用漏缝地板，粪尿通过缝隙落入粪尿沟。贮粪池的底面和侧面均要密封，并根据环保要求建立规定面积的沼气池以处理牛场排出的污水。粪场及贮尿污水池一般设在牛场北面，离牛舍有一定距离，且方便粪的运输和排放。贮粪池设在生产区围墙外，且在牛舍下风向，距离牛舍200m以上。排水沟的设计位置应根据牛舍结构决定，以利于排水为原则。

（三）配套附属设施

1. 牛舍道路　根据车辆通行需要确定路面宽度，要求路面作硬化处理，平坦、无积水，保持清洁，并且净道与污道要分开（图1-76）。

2. 供电和供水设施　采用220V二相或380V三相电，能满足水牛养殖小区生产及照明需要。另外，要求有自来水或地下水，以满足水牛饮用和清洁卫生所需。

3. 青贮场地　应选地势较高、地下水位低的地方，离粪池、厕所等要较远，以保证青贮质量。根据地形分地上式、半地上式、地下式等，可按每头成年水牛每天喂青贮料25kg、按每立方青贮料重650kg左右规划，以及根据饲养规模、决定青贮池的大小。

4. 工作室与贮料室　双列式栏舍靠近走道一端，各设1间工作室和贮料室，每间面积12~14m²。单列式牛舍可只设1间工作贮料室。

5. 隔离区　根据规模大小在小区外分别设立引种隔离区和病牛隔离治疗室。

6. 配种室　在小区内设立配种室，设备包括固定架、液氮罐、输精枪、显微镜、冰箱、消毒柜、水浴锅等。

图 1-76　规模化水牛养殖场净道（A）与污道（B）

（资料来源：杨承剑，2020）

7. 消毒间和消毒池 生产区入口处设置人员更衣消毒室，内装紫外线消毒灯、喷雾消毒发生装置等消毒设施。分别建立行人、车辆进出口，以及粪尿、污物等运输出入口消毒池。

8. 装牛台 以经济、方便、适用为原则，根据运输车辆高度及地形设计装牛台（图1-77）。装牛台应该安装在牛场出口附近，避免运输车辆进入牛场内部而出现防疫卫生问题。

图1-77 规模化水牛养殖场装牛台

（资料来源：杨承剑，2020）

9. 泡水池 俗话说"冬天要间房，夏天要口塘"。尽管夏季气候炎热，水牛耐热性能比奶牛好，但也会出现热应激。水牛为喜水动物，在炎热的夏季喜欢通过泡水来降低体温及清洁皮肤，有水池时水牛的泌乳性能及繁殖性能都可得到显著改善。因此，如果牛场没有给水牛提供泡水的天然条件，则应建人工泡水池（图1-78）（视频7）。

视频7

图 1-78　水牛泡水池塘
（资料来源：杨承剑，2020）

（四）其他注意事项

1. 犊牛护理　水牛母子代的联系非常紧密，相对于黄牛来说，当母水牛与犊牛分开时通常犊牛更容易处于应激状态，可采用5头以上的犊牛一起或与一头年龄较大的水牛群养的方式来缓解应激对犊牛的影响（视频8）。采用代乳方式饲喂犊牛也是水牛福利关注的热点之一，包括采食时间和饲喂量、初乳和代乳粉的

视频 8

正确准备和贮存、恰当的犊牛营养性饲喂制度等。饲喂质量较差的初乳和代乳粉，以及不恰当的控制措施会使犊牛出现营养不良，进而导致犊牛出现被动免疫缺陷。初生的公犊牛由于经济价值较低，可能会导致饲喂不足，圈养条件也比较差。为鼓励养殖者关注犊牛营养健康状态并把更多的时间和资源用到公犊牛的饲养上，需要为公犊牛开拓经济附加值更高的市场。一般而言，无论是把犊牛作为以乳用为主的后备母牛还是作为肉用牛进入市场，对犊牛营养和健康关注不够均可导致水牛生产性能的降低。

2. 饲养管理　根据季节来配制水牛日粮配方可更好地提高养分利用效率和改善水牛生产性能。用于控制及驱赶水牛的竹子、藤条或塑料棒应该限制在一个能保证整个控制或驱赶过程完成的最小绝对需要量范围内。控制水牛时要有耐心，主要以奖赏为主。放牧时要注意安全，特别是在水牛妊娠后期，要防止其跳越沟壑等；另外，严禁驱赶妊娠水牛和打冷鞭，以免引发流产。集约化饲养的水牛应当每天至少检查2次，保证其能得到正常饲喂和饮水，特别要注意照顾、饲喂害羞的牛。集约饲养虽然消除了水牛的主要传染性疾病外，但也产生了新的条件性疾病。因此，在水牛饲养过程中需严格执行消毒防疫程序，避免大规模疾病的发生。

3. 保定　给母牛进行人工授精时，要对其进行保定（图1-79至图1-81）。在牛场内配种时尽量将母牛赶进保定架内，经过夹颈、绑尾、掏粪、消毒外阴后再进行人工授精。长期进行人工授精的牛场，因母牛已适应相应操作，一般反抗较弱，因此也可在其原来习惯的位置关上颈夹，然后即可配种。如果提供人工授精的上门服务，没有保定架时也可选择能夹住牛颈的树桩、竹丛等对牛进行充分保定，减少操作时母牛因反抗而对牛和人造成的伤害。

图 1-79　用保定架保定

（资料来源：陈明棠，2020）

图 1-80　用树兜保定
（资料来源：庞春英，2020）

图 1-81　用树桩保定
（资料来源：梁辛，2020）

4. 运输　水牛运输与水牛福利密切相关，包括水牛健康、控制措施、运输方式、拖车或卡车的设计、运输时间、运输后处理方式等。运输对于犊牛和乳用水牛的应激更大。此外，驾驶、控制方法、水牛休息、旅途中的供水和饲料、运输距离等也都要重点考虑。在运输每一个环节出现的问题都可能在运输途中或运输结束后给水牛造成痛苦、受伤、发病，甚至死亡。

第二节 水牛饲养环境

一、水牛饲养环境因子概述

水牛不仅能够很好地适应泥泞沼泽地区的湿热气候条件，还可将低质粗饲料有效地转换成为乳、肉等高附加值的产品，从而也减少了农作物副产物作为废弃物对环境的影响。尽管如此，由气候变化导致的环境因素的改变对水牛生长和生产效率的影响也不容忽视。影响水牛生产的主要自然物理环境因子包括气温、相对湿度、太阳辐射、大气压和风速等。气候变量，如温度、湿度和辐射的变化会对水牛的生长和生产带来潜在威胁。随着全球变暖趋势加剧，高温环境会成为热带和亚热带地区水牛生产力的主要约束因素（Brito 等，2004）。

二、环境因子对水牛生产与健康的影响及途径

水牛的生长特性除受遗传因素影响外，还受许多环境因素的影响。这些环境因素可能会抑制水牛的真实遗传潜力。性别、成熟年龄、出生季节和地理位置对水牛犊牛出生时的体重具有显著的影响，秋季出生的水牛犊牛体重最低（Kul 等，2018）。非遗传因素对于摩拉水牛犊牛生长性能具有显著影响（Kumar 等，2019）。通过自然选择，水牛具有以下几种能让它们适应湿热地区环境的形态特征。比如，黑色素沉积皮肤对于防止紫外线十分有利，被毛稀少有利于通过空气对流和辐射方式来散热。水牛由于汗腺少，因此极少发生在干热气候条件下低湿诱导的强烈的蒸发热损耗。在湿热气候条件下，高湿和空气温度昼夜变化小，水牛的蒸发热损耗不如身体散热有效。因此，水牛需要在水塘或泥坑里打滚来有效调节热平

衡。水牛在泥坑里打滚时皮脂分泌量会增加，以保护皮肤。在高温环境条件下，水牛浸泡在水塘或泥坑中时血容量及其在皮肤表面的流速也会增加，以便能通过皮肤散热。夏季青年母牛在泥坑里的时间是其他季节的2倍，当有机会时50%以上的成年水牛都会躺卧在泥坑中。当夏季浸泡水里机会受限时，水牛的散热不充分会导致产奶量下降，繁殖率降低，非妊娠母牛所占比例增加。

（一）温湿度

1. 温度

（1）高温

①高温的影响 温度对水牛健康和生产性能都具有极大影响。温度的突然改变，包括最高温度的提高和温度的突然下降都会导致水牛产奶量下降及泌乳期缩短。当环境综合效应参数高于水牛的热舒适区温度范围时会对水牛产生热应激。研究结果显示，温湿指数（temperature humidity index，THI）值为75时是热应激的阈值水平并会影响摩拉水牛的妊娠率（Ravagnolo和Misztal，2002）。特别是在夏季高温环境下，当温度调节效率低下和相对湿度（relative humidity，RH）较大时，水牛繁殖性能会受到严重影响。水牛繁殖率冬季最高，秋季和春季降低，夏季最低（Rensis和Scaramuzzi，2003）。当机体散热出现障碍时，易引起公牛睾丸病变，导致精液质量变差（Garcia等，2010）。夏季水牛繁殖力下降的主要因素是高热环境会影响母牛生殖道各组织细胞功能（Hansen等，2001），增加隐性发情概率，并影响卵泡发育、激素分泌、子宫血流和子宫内膜功能（Roth等，2000）。

②高温下水牛生物学变化 在炎热的环境中，水牛的生物学功能会发生一系列的变化，包括采食量减少、代谢紊乱、生产和繁殖性能受到损害等（Das等，2014）。热应激被定义为生成的条件高

于动物热适中区温度范围的任何环境参数的总和（Buffington 等，1981）。水牛皮肤为黑色，毛发稀薄，汗腺少，在炎热天气下易产生代谢热过量和热应激的状况。

③预防高温措施　在极端炎热、潮湿或干燥的天气，水牛通过出汗和喘气来调节体温，降低热应激的发生。在夏季水牛防暑降温最好的办法就是泡水，无条件的地方也可搭遮阴棚（视频 9）或在水牛身上洒水。遮阴棚被认为是最好的冷却系统，因为它既可为水牛节省水需要量，也无须造价昂贵的设备。此外，也可避免水牛在烈日下行走时由于直接暴露于太阳辐射所导致的直肠温

视频 9

度和呼吸频率增加，即使在温暖气候条件下遮阴棚也是必须的（Sevegnani 等，2007）。另外，防止水牛出现热应激的方式还包括使用风扇和冷风机等冷却设备，通过机械通风和自然通风有助于维持舍内较高的空气质量。基于相同的原因，在湿热气候条件下，最好避免围垒，以免滋生细菌和霉菌。

（2）低温　水牛对温度的变化非常敏感，要避免水牛在冬季时浸泡冷水。据观察，天冷时水牛会增加食物消耗以维持较高代谢速率，进而增加产热量，以增加它们对寒冷的耐受力。在湿冷条件下，水牛的休息时间和采食时间会缩短。如果采食饲料不足，则犊牛的产热减少，会出现各种呼吸道疾病、腹泻、肺炎甚至死亡。当天气寒冷时，最好给水牛提供能抵挡雨、雪和强风的庇护处。考虑到连续低温的天气情况，庇护处内最好设立一个饲喂区域。当温度在 0℃ 以下时，最好能有清洁而又干燥的秸秆垫床。红外灯、防护夹克、暖盒、清洁干净的秸秆垫床都可以在寒冷的季节为初生犊牛提供舒适的小环境。

2. 湿度　尽管水牛起源于热带，但对于极端气候条件仍十分敏感。目前关于高湿对水牛生产性能影响的报道极少。高湿常伴随高温环境，实际上当温度和湿度过高时同样会对水牛产生应激。空

气湿度升高将加剧环境温度对水牛的影响。当湿度增加时，水牛的体温调节范围减小，高温高湿的气候条件会影响水牛体表水分蒸发，造成散热慢，体温升高，进而影响水牛健康。

3. 温湿度

（1）犊牛　急性热应激（40℃，4h）会导致水牛的血液生化功能发生急剧变化，幼龄水牛比成年水牛对热应激更为敏感。幼龄水牛代谢旺盛，体温较成年水牛的高，对同样的极端气候反应要比成年水牛强烈得多。当气温为17℃时，6月龄小牛体温为38.9℃，成年水牛体温则为37.9℃；当气温上升到37℃时，6月龄小牛体温高达40.1℃，表现不安，而成年水牛体温为39.5℃；在气温为4℃时，小牛体温为36.5℃；当牛棚温度在2℃左右时，3月龄以内的犊牛若无保暖措施，则可因冷冻而患病甚至死亡。鉴于犊牛体温调节能力弱，所以在出现极端气温时需要对其采取相应措施。2月龄和6月龄水牛犊牛暴露在极热条件下（33～43℃，40%～60%相对湿度）时直肠温度分别增加3.2%和3.4%，呼吸频率分别增加335%和495%。

（2）成年水牛

①采食量及产奶量　热带和亚热带地区的成年水牛在热应激条件下干物质采食量显著降低，在夏季时的干物质消化率（43%）显著低于冬季（68.31%）（Verma 等，2000a）。与18℃温度相比，在32℃和36℃温度下犊牛的体增重会降低16.5%和22.6%。在40℃温度下，泌乳奶牛的采食量迅速下降40%，而奶水牛下降8%～10%（Baumgard 和 Rhoads，2013）。在炎热条件下，水牛采食量减少9%～13%，同时反刍次数也降低，减缓了饲料的分解速度及唾液到达瘤胃内的缓冲液量。水牛产奶量和奶成分受出生时季节的显著影响。摩拉水牛对季节变换十分敏感，冬季产奶量要显著高于雨季和夏季。在夏季45℃环境条件下，摩拉水牛的呼吸频率和血流量都显著增加，产奶量可降低10%～50%（Rane，2003）。

热应激导致摩拉水牛乳脂肪、蛋白质和非脂固形物含量降低（Aggarwal 和 Singh，2006）。高产奶量的水牛需要较高的采食量，从而导致较高的代谢产热。因此，在饲喂、饮水和泌乳时需要更多的降温设施，如利用树或屋顶遮阴。

②繁殖性能　水牛是季节性多次发情动物，在夏季时的繁殖性能比较弱。THI 在水牛生殖中起重要作用，当 THI＞75 时对热带地区的水牛繁殖性能可产生负面影响（Vale，2007）。水牛的繁殖效率差主要归因于发情症状不明显，特别是在炎热的夏季。高温环境也会缩短发情期发情症状的持续时间。水牛在 3：00～9：00 和 15：00～21：00 表现出发情迹象，具有发情高峰期（约 37%），而在 9：00～15：00 时处于发情较低期（约 12%）（El-Wardani 和 El-Asheeri，2000）。高温环境对水牛卵巢及卵母细胞发育具有负面影响，可改变内分泌模式、卵泡发育和增加胚胎死亡率。水牛出现热应激（32℃）时内分泌系统和繁殖性能会受到影响，导致卵巢活动延迟直到分娩后 70d，发情期缩短，沉默发情和发情不明显的发生概率增加（Hussein 等，1997）。当 THI 为 81 时摩拉水牛的受胎率只有 25%，当 THI 为 66 时其受胎率可达 59%。暴露于应激条件下的沼泽型水牛公牛其睾丸重量下降 50%，其临时生育力下降或出现不育（McCool 和 Entwistle，1989）。许多研究均表明，水牛在温度适宜条件下的繁殖性能更佳，高温会降低水牛的性行为，导致低受胎率、高胚胎死亡率和低繁殖率。

③水牛生理指标　热应激可降低水牛血清中过氧化氢酶、超氧化物酶活性和电解液浓度，增加皮质醇浓度和脂质过氧化程度，细胞调节免疫反应也会下降。在夏季高温季节，水牛血浆中总抗氧化能力、谷胱甘肽过氧化物酶活力较秋季极显著降低（$P<0.01$），而血浆中丙二醛的含量显著高于秋季（$P<0.05$）（陈雯雯，2012）。淋浴和蒸发降温对摩拉水牛血浆催产素浓度、放奶时间和产奶量的影响结果表明，降温可增强放乳反射。在高温季节，水牛

体细胞数量和乳腺炎的发病率会增加，因为较低的采食量会导致维生素 A、维生素 E 和硒摄入量降低，更高的皮质醇水平可抑制白细胞功能。日粮中添加碳酸氢钠、碳酸钾和维生素 C 可以部分缓解以上变化。

④水牛行为观察与反应　水牛通过自身体温调节以适应外界环境温度的变化，当水牛代谢产热处于最低时，称此温度范围为等热区。在等热区范围内，水牛具有最佳生产性能。在粗放饲养条件下，温带和热带地区的黄牛、绵羊、山羊白天 60％时间用于采食，20％～26％时间用于散步，12％～20％时间用于休息，然而关于水牛的维持行为和采食时间了解得并不多。表 1-2 为不同研究报告对于粗放饲养的水牛和黄牛行为的比较结果，证实不同反刍动物有类似的时间分布情况。对于水牛来说，休息时间大部分花在水里或在烂泥里打滚上（视频 10），这是水牛特有的行为特征。在粗放饲养条件下自由接触水时，水牛更多的是在人工池塘、坑洼、天然水塘中躺卧，以达到散热及防虫驱蝇的目的。

视频 10

表 1-2　水牛与黄牛的行为比较（％）

行为占比（％）	奶水牛（Schultz 等，1977）	奶水牛（Bud 等，1985）	青年水牛（Napolitano 等，2007）	黄牛（Braghieri 等，2011）
采食	27	37～54	48	56
反刍	39	28	23	15
散步	无记录	无记录	11	14
休息	34	18～35	14	8

在不舒适的环境（如高、低温）中，水牛不仅在生理和代谢应答方面有反应，在行为方面也有体现。在高温条件下，水牛的行为体现在寻找水源和阴凉上，休息时间增加。水牛在水里打滚、嬉戏有两个根本目的：以冷却方式来调节身体温度和防止寄生虫。调节体温主要是在白天最热的时间段进行，防止寄生虫主要是在晚上进

行。除了打滚方式能有效调节体温和呼吸频率外，淋浴后遮阴也是有效的方式之一。在以上条件下，水牛通常能保持较低的体温、呼吸频率和脉搏。由于水牛能适应潮湿的环境，因此其更依赖于外部水源。尽管水牛在缺水条件下的排尿率会显著降低，但其总排尿体积要大于黄牛（Koga 等，2002）。水牛能够在最热时通过在泥水中保持几个小时及打滚的行为方式来躲避高温。在极端条件下，水牛每天淋浴 2 次，每次 3min 可有效消除过多热量。其他的散热措施包括喷淋、用少量水淋湿身体和给水牛饮用冷水。与其他季节组相比，夏季组地中海水牛出现了躺卧、饮水、排泄和戏水等一系列的行为差异，这可能是受高温高湿天气的影响，也可能与季节、饲草等因素有关；此外，在夏季对地中海奶水牛进行降温处理可以缓解因呼吸频率加快导致的喘气等不适症状（王宗元，2014）。

（二）水分

水对于水牛尤其重要，在同等缺水条件下，水牛在缺水第 3 天时血液中的抗利尿素浓度 [（66.7±18.6）pg/mL] 是黄牛 [（12.5±3.2）pg/mL] 的 5 倍。在同等气候条件下，水牛对水的需要量比黄牛要多 25%～30%（Swanson，2017）。与冬季相比，夏季水牛消耗的水量增加 40%，可能是用于补充因蒸发、冷却瘤胃和网胃而损失的水分。泡水是通过皮肤蒸发而降低体温的有效方式。在夏季高温时段（10：00～14：00），水牛通常待在阴凉处或泡在水中，其浸泡在水中的时间较其他季节更长（43%）（春季为23%，冬季为 24%）。在高温季节，当水牛有足够设施用于泡水时其生产性能可不受影响。利用风扇、喷雾系统可以降低水牛的热应激，提高水牛的生产性能和减少其对水的需要量（Ahmad 等，2019）。吊扇、喷淋装置和池塘相结合使用能有效改善牛舍小气候条件，缓解水牛的热应激，提高水牛的生产性能。在水牛舍提供喷

雾装置能够使水牛平均采食量显著提高 0.71 kg/d（Jegoda，2015）。建造遮阴大棚也是维持水牛舍环境舒适度的方法之一。此外，水的卫生程度也影响水牛健康。Elahi 等（2018）发现，挤奶后用污水淋浴 30min 的水牛更容易患乳腺炎、口蹄疾病和寄生蜱，降低产奶量。

（三）挤奶程序

1. 排乳抑制 排乳是一个由神经-激素途径调节，通过哺乳或挤奶刺激乳头感受器促进垂体分泌催产素并进入血液中，从而引起乳汁排出的复杂的反射过程。异常条件刺激引起交感神经兴奋，儿茶酚胺分泌增加，肾上腺素和去甲肾上腺素释放升高，乳导管和血管平滑肌细胞紧张度提高，导致催产素到达肌上皮细胞与受体结合受到阻碍，这称为外周性排乳抑制，难以通过注射外源性催产素解除。比较常见的是中枢性排乳抑制，即应激性刺激或缺乏引起排乳反射的强有力刺激传入大脑，使下丘脑排乳中枢处于抑制状态，脑垂体后叶催产素分泌量减少甚至缺乏，从而引起排乳反射不完全或不能出现。及时注射催产素可解除中枢性排乳抑制。水牛挤奶实践中发生排乳抑制的现象比奶牛频繁，而且中枢性排乳抑制和外周性排乳抑制难以分清。更换挤奶员或挤奶地点，更改挤奶操作程序，挤奶时出现生人，周围环境喧闹不安，奶水牛打斗（视频 11）、挣扎、饥饿、伤害或劳累过度，更换饲料等均可影响水牛行为，进而引起部分排乳抑制或完全抑制。

视频 11

2. 防止措施 解决水牛排乳抑制的办法是加强预防排乳抑制的发生，包括建立一个良好、恒定和安静的挤奶环境及遵守规范化的挤奶操作规程，加强人和牛的亲和关系，禁止吓骂、敲打水牛，增加伴随挤奶的良性刺激，如延长乳房按摩时间、添喂精饲料或优质草料等，形成有利于排乳的条件反射。此外，初产水牛的调教工作特别重要，调教得好坏与否关系今后一生产奶性能的发挥。初产水牛产前熟悉挤奶厅环境及挤奶流程可减少挤奶应激，如每天上、下午挤奶时将水牛赶到挤奶台上，其间用温水全面冲洗乳房，然后再用一次性毛巾擦拭干净并按摩 10～15min。

3. 注意事项 水牛血液循环中的催产素半衰期仅有 2～3min，所以挤奶必须迅速进行，尽量于 5～7min 内将乳汁彻底挤出。水牛泌乳池体积较小，只有 5% 的奶贮存于此（奶牛可高达 20%），其余奶贮存于乳腺泡和小导管中。因此，在机器挤奶前最好用人工预挤一下乳头以保证催产素的释放。水牛出入牛舍不能驱赶过快，避免拥挤、滑倒。每天洗涮牛体，保持牛体卫生，同时可使人牛亲和。如果水牛不舒服、恐惧或对周围环境不熟悉，则不会泌乳，进而导致产奶量降低，泌乳过程中的无效休息增加，挤奶员受伤的风险增加，水牛患乳腺炎的风险也增加。如上述方法仍不可行，则可用垂体后叶激素一支（1 mL）肌内注射，几分钟后水牛就会产奶。但注射激素克服排乳抑制不可随意采用或多次使用，经常使用会扰乱水牛的内分泌系统，形成依赖药物的恶癖，会出现以下几种情况：挤奶时间、劳动力费用、药物费用增加，饲养员的安全性下降，另外还会引起水牛繁殖障碍及生殖系统疾病（如流产、产死胎、屡配不孕等）。

（四）光周期

水牛繁殖的季节性似乎不依赖于日粮或代谢状态，气候尤其是光周期决定了褪黑素的分泌。光周期可定义为动物在 24h 内暴露于光照条件下的时间长短或者更为精确的光照和黑暗相对时间的长短（Wankhade 等，2019）。光照和黑暗对于松果体中褪黑素的分泌起相反的作用，褪黑素循环就是在光照条件下几乎没有褪黑素，但暴露于黑暗中时分泌量却能够迅速增加（Dahl 等，2000）。松果体能够测量光照长度并调节褪黑素的分泌，它能通过抑制下丘脑促性腺激素的释放抑制脑垂体前叶促性腺激素、促黄体生成激素、促卵胞成熟激素的分泌。牧场照明系统的作用取决于光密度、光照水平、光照周期（持续时间）等。相对于短光照犊牛，产后早期（出生至2个月）犊牛在长光照条件下，断奶前具有更高的开食料采食量和平均日增重，且在 4 周龄后更为明显（Penev 等，2014）。挤奶期间给予水牛充分的光照强度（最小 60～80lx）有助于放奶及提高劳动效率，可缩短 8%～12%的挤奶进程。适当的光照可以影响催产素的释放及最终放奶。长光照周期（16～18h）具有提高产奶量的作用，泌乳期增加光照周期（16h 光照：8h 黑暗）可增加产奶量13%，仅乳脂肪百分比轻微下降（Penev 等，2014）。

动物对于季节变化的指征称为"授时因子"（Neuman，1994），它在动物季节性育种中起作用。根据"授时因子"现象，可将家畜分为长日照动物和短日照动物，水牛属于短日照动物。但有研究表明（Vale，2007），在热带靠近赤道线的巴西圣保罗州 86%的母水牛在长光照周期季节不表现任何季节性发情，在同样环境条件下，使用褪黑素后没有观察到水牛的周期活动有任何改善，其繁殖力也没有显著差异，说明光照对于水牛繁殖性能的作用极小甚至没有。水牛全年繁殖，但在许多国家水牛卵巢活性呈现季节性，主要归结于热带降水量的改变导致饲料、热应激、催乳素分泌、温带地区光周期及褪黑素分泌的改变（Perera，2011）。冬季延长 4h（160 lx）人工光照周期有助于提高摩拉水牛的生长速率，使其性成熟提前（Roy 等，2016）。

（五）风速和有害气体

牛场环境质量对水牛生产有重要影响，进而影响人的健康。风速对水牛的作用主要是增加皮肤散热。在一定范围内，风速越大，机体散热量越多。水牛舍主要有害气体来自水牛粪便、嗳气、呼吸及生产的废弃物，有害气体主要是硫化氢、氨气等。硫化氢是含硫有机物分解产生的。由于水牛舍多采用开放式设计，因此空气中氨气和硫化氢害气体含量极为稀少，一般不会对水牛生长、产奶和繁殖等造成不利影响。

三、环境影响的评价

目前一些准则和标准，无论是自愿的和非自愿的（法律或强制执行的私人策略），已经发展起来并用于评价水牛福利。评价环境对水牛的影响主要有三种基本测量形式：基于水牛的测量、基于资源的测量和基于管理的测量。

1. 基于水牛的测量 基于水牛的测量用于评价水牛福利，这些测量包括疾病和死亡率、跛行发生率、体况评分、异常行为发生率和其他特定指标。

2. 基于资源的测量 基于资源的测量包括设施形态和条件、场舍设计、通风情况、栅栏及建造牧场或牛舍用材料质量、饲料和水的供应、挤奶设施和机器，以及用于提供水牛福利的其他条件和资源形式。

3. 基于管理的测量 基于管理的测量主要聚焦于维持有利于良好水牛福利条件的人文因素，包括恰当的控制、饲养水牛的人员训练、促进良好健康的预防措施，防止水牛疾病的生物安全措施，以及水牛营养管理、兽医护理、水牛的标准操作程序或方法（包括挤奶、育种、产犊）等。这些测量是评价水牛管理实践，以创造条件为水牛提供良好福利的目标。

之前关于应激对水牛生长、繁殖及福利方面影响的研究极少，但现在对水牛福利的评价报道开始逐渐增加。以下水牛参数，如避让距离、泌乳行为、清洁度评分、跛行评分等可用于评价环境对水牛福利的影响。但是单个变量不足以评价水牛福利状况，评价应当基于水牛测定。当评价群体福利时，行为测定具有重要价值。

（一）体况评分

水牛可采用体况评分来评价能量平衡、体组成和体储备。虽然河流型水牛的产奶量较高，但是从形态和代谢角度来看，与肉牛更为类似。因此，采用肉牛体况评分系统更合适，此方法将每头水牛评为1（严重消瘦）至9分（非常臃肿）。当体况评分低于4分时，说明水牛营养不良，消瘦的水牛比较多，水牛福利水平较低；当体况评分大于7分时奶牛容易发生酮病，虽然在水牛上并没有发生，但产犊后肥胖的水牛繁殖力会下降。此外，也有用视觉观察和徒手肌肉定位水牛体表贮存脂肪的4个区域（肋骨、脊柱、髋部、尾根）的5分制方法来对水牛体况进行评分（表1-3）。评分范围从1（瘦弱）到5（肥胖），每0.25分一个刻度（理想体况评分为3分）（表1-3；Jacopo等，2019）。

表1-3 地中海水牛体况评分标准

体表区域 评分	肋骨	脊柱	髋部	尾根
5（肥胖）	不可见，肋骨上或之间有脂肪层	脊柱骨头不可见，位于脊柱左右脂肪肿块之间的脊柱轻微凹陷	突出，边缘平滑，髋部骨头表面上不可见	尾根部位置凹陷，并被柔软脂肪组织环绕
4	少量腹部肋骨可见，用手可感触得到肋骨	脊柱骨头不可见，脊柱感触平坦，骨头和周边组织在同一水平上	髋部骨头可见，视觉和触感平滑	尾根部与周边脂肪组织处于同一水平
3（理想）	位于胸腔中心的部分肋骨可见，腹部肋骨触感突出	骨中心线位置轻微升高，脊柱明显可见	髋部各点明显可见，骨头易于感触但是不突出	尾根轻微突出，用手感触明显，但是视觉观察不到

（续）

体表区域 评分	肋骨	脊柱	髋部	尾根
2	肋骨全部可见，所有肋骨触感突出	个别脊柱骨头清晰可见	髋部各点明显突出，侧腹凹陷	明显可见尾根从周边组织竖起
1（瘦弱）	肋骨清晰可见，肋骨间凹陷，感触非常明显	脊椎的视觉和触感都十分明显	髋部突出髋部点外，后部消瘦	环绕于尾根的组织凹陷成骨盆

（二）体表清洁度评分

体表清洁度评分可为水牛舒适度及农场的卫生状况评估提供参考，也反映了饲养管理人员的态度和对水牛的照顾情况，这对于保持牛奶干净具有重要影响。水牛打滚的奇怪行为主要是为了保护其皮肤免受太阳辐射和寄生虫的危害，皮肤表面有泥层对水牛有益，但水牛皮肤表面的粪便厚度可反映水牛舍的清洁度。因此，评价黄牛所采用的清洁度评分方法在应用于水牛时应当予以适当修改。

（三）运动评分

每头水牛的评价和记录应当是由同一个研究人员操作以避免观察者之间出现偏差。观察应当从水牛侧面和后方进行。目前水牛的跛行评分仍参考奶牛的5分制运动评分系统。当没有跛行状况时评分为1~2分，有跛行状态评分为3~5分，当评分＞2时即可认为水牛福利受损。跛行在传统的水牛农场比较少见，可能是水牛每天需要行走较远的距离去草场的原因。因此，采用奶牛跛行评分方式评价水牛福利并不一定可行。虽然由蹄病导致的跛脚在水牛上比较少见，但生产上可观察到脚蹄过度生长和螺旋蹄。地板形状、硬度、摩擦力、卫生程度等对水牛蹄部健康有重要影响。改善生产条件可以预防跛行，定期进行蹄部护理对于维持腿和蹄部健康也非常重要。理想的地板必须卫生，表面平坦、防滑，没有任何磨损，容易建造和耐用，便于管理和维护，水牛踩上去很舒适。圈养水牛牧场地板通常用水泥制作，但更软、更耐磨的地板材料如橡胶可能是将来的选择之一。生产过程中监测蹄和腿部健康对于提高水牛福利也是非常重要的。

（四）水牛舒适环境评价指数

从实践的角度出发，目前急需建立一个简单、实用、容易测定且可信度高的指数来精确评价热环境诱导下水牛出现热应激的情况。关于这方面的测定已经建立，包括温度和相对湿度，这与热平衡高度相关，这个指数被定义为温湿指数（THI）（LPHSI，1990）。THI指数提供了一种可将两种或多种重要且容易测定的气候因子结合在一起进行测定的方法，以比较不同地点温度和湿度数据及动物的反应。

当温度测定以华氏度（℉）表示时，公式如下（LPHSI，1990）：

$$THI = db℉ - [(0.55 - 0.55RH)(db℉ - 58)]$$

式中，$db℉$为干球温度（℉），RH为相对湿度（RH,％）/100。获得的值代表的含义如下：$THI < 72$表示没有热应激；$72 \leqslant THI < 74$表示中度热应激，$74 \leqslant THI < 78$表示严重热应激，$THI \geqslant 78$表示异常严重的热应激。

当温度以℃表示时，公式如下（Marai等，2001）：

$$THI = db℃ - [(0.31 - 0.31RH)(db℃ - 14.4)]$$

式中，$db℃$为干球温度（℃），RH为相对湿度百分比（RH,％）/100。获得的值代表的含义如下：$22.2 < THI$表示没

有热应激，$22.2 \leqslant THI < 23.3$ 表示中度热应激，$23.3 \leqslant THI < 25.6$，$THI \geqslant 25.6$ 表示异常严重的热应激。

体温和呼吸频率也可作为水牛热应激状态的参数判定，与THI 指数共同评价和判定水牛的热应激状态（Du Preez，2000）。

Da Silva 等（2015）持续收集了 3 000 多组气温、相对湿度、露点温度、直肠温度、黑球温度、体表温度数据，通过典型相关分析，建立了一套新的适合巴西亚马孙东部地区的水牛评价指数。在这套指数模型下计算出来的指数值小于算术平均值的状态被认为是舒适状态，平均值至"平均值＋一个标准差"的范围被认为是危险状态，"平均值＋一至两个标准差"的范围被认为是应激状态，大于"平均值＋两个标准差"的值被认为是紧急状态。参照以上方法，广西壮族自治区水牛研究所在 2017 年 4 月至 2018 年 4 月也收集了近 3 000 组数据，建立了一套适合我国南方地区泌乳期水牛和干奶期水牛舒适环境评价指数模型。

（五）其他评分

从动物福利和经济角度来看，水牛疾病和死亡是一个严重问题，因死亡、疾病和事故导致的淘汰率可考虑作为评价水牛福利的重要指标。此外，水牛的免疫力比奶牛更强，用于评价水牛福利的疾病评分也需要更深入的研究。去角和断尾等管理步骤所带来的与福利相关的负面效应在水牛上并不适用，在水牛福利评分上应当取消。不仅如此，部分水牛皮肤是裸露的，采用无毛面积评分在水牛上也不适用。考虑到水牛的舒适表现，需要建立特殊的体况评分标准（Ghoneim 等，2018）。行为变化是较差动物福利条件导致的最为显著的放大特征，研究和观察动物本身及其行为是鉴定动物福利是否受损的重要指标，水牛福利应当采用多行为标准方法来进行评价（Elkaschab 等，2017）。水牛福利具有特殊要求，如足够的空

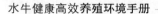

间和水池用于群居和刷洗。但目前并没有相关福利评价准则来评价水牛的福利状态。除了基于水牛本身所测定的指标外，基于外部条件的指标（如圈舍和设施）、基于管理的指标（如产权政策和水牛管理策略）也需考虑（Kaplan 等，2018）。

第二章

国内外水牛环境参数现状

第一节　国内外水牛环境参数标准

一、国外水牛环境参数标准现状

国内外专门针对水牛环境参数的标准仍十分缺乏，多以黄牛的环境参数标准作为参考。

澳大利亚发布了一个指导农场饲养水牛福利方面的实践规范，旨在提高饲养企业中的水牛福利水平。在这个规范中提到，当气温大于33℃时必须给水牛提供遮阴措施，能提供泥坑或水塘者更佳。

水牛缺水时间不能长于12h，其对水的需求量要比黄牛高出25%～30%。表2-1是黄牛的用水推荐量。

表2-1　不同体重的黄牛平均用水量

体重（kg）	平均水消耗量（L/d）
50	6～7
70	7～9
90	10～11
120	14～16
150	18～20

（续）

体重（kg）	平均水消耗量（L/d）
190	20～25
350	25～35
450	35～45
540～730（干奶牛）	20～40
540～730（泌乳奶牛）	45～110

集约化养殖条件下，水牛饲槽和运动场空间最小需求（这个尺寸可用于指导水牛空间需求，也与水牛角尺寸大小有关）分别见表2-2和表2-3。

表2-2　不同年龄水牛对饲槽空间的最小需求（mm）

年龄	每头水牛所需的饲槽宽度
1周岁	250～300
15～24个月	300～380
阉公牛	380～460

注：每天只饲喂1次。

表2-3　不同年龄水牛对饲槽空间的最小需求（mm）

年龄	每头水牛所需的饲槽宽度
1周岁	150～180
15～24个月	300～380
阉公牛	180～300

注：每天只饲喂3～4次。

如果采用自动喂料机，则每头水牛对空间的要求为75～100mm，平均每头水牛需运动空间15m²。

在设计阶段时，比评估所需要的空间高10%以满足不同饲料类型需求。

二、国内水牛环境参数标准现状

《奶水牛养殖技术规范》（DB45/T 247—2005）中提到，水牛场地应选择地势高燥、背风向阳、土质坚实、交通便利、水源充足、水质良好、排水方便、符合环境保护和兽医防疫要求的开阔地方，并且是非风景区和自然保护区。牛舍应冬暖夏凉，避风向阳，采光和空气流通良好，易于排水，同时提供泡水池。我国地方标准也规定了犊牛在夏季中午应被赶至阴凉处或水塘中泡水，以有效降低体表温度；妊娠水牛因耐热能力强，所以在牛舍通风良好即可。有条件的可在泌乳牛舍安装风扇、淋浴等降温设施，运动场设遮阴棚；冬天要做好防寒保暖工作。在盛夏的中午，要避免泌奶水牛在烈日下暴晒，应将其赶到树荫下或到水塘中泡水。种公牛可采取淋浴或泡水的防暑降温措施，防止其性欲及精液质量降低〔《摩拉水牛饲养管理技术规范》（DB 45/T 24—2000）；《尼里/拉菲水牛饲养管理技术规范》（DB 45/T 26—2000）；《水牛种牛场生产技术规范》（DB45/T 27—2000）〕。然而，关于专门的水牛饲养环境参数标准并未见发布。结合多个标准中与饲养环境相关的内容来看，在水牛养殖过程中关于环境控制主要考虑的还是要注重防暑降温，以达到绿色、健康、高效养殖的目的。

第二节　国内外水牛环境参数研究进展

气候是影响水牛生产性能的主要因素之一，热应激对于水牛能量维持及激素和矿物质平衡都具有很大的负面影响。水牛虽然是恒温动物，有保持体温恒定的特性，但其体表或器官温度也可因外界环境温度的影响而产生一定的变化。

一、温湿度参数

我国水牛养殖较适宜的温度范围为 8～28℃（章纯熙等，

2000)。不同气温下水牛体温的变化见表2-4。在受高温日光直射时，水牛连续被使役4h或更长时间，则其耕作速度、单位时间内的耕作面积都会明显下降，同时还会出现生理不适。在这种情况下，水牛需要6h以上的休息时间体能才能得到恢复。水牛繁殖力和THI指数之间存在负相关性，当THI指数超过一定的临界值时水牛的生产性能就会受到影响。当THI>75时水牛的受胎率就会下降（Dash，2013），繁殖性能也会下降（Dash等，2015）。跟黄牛一样，水牛睾丸温度必须低于体温2~6℃，因为较高的睾丸温度会降低精液质量和精子生成能力（Koonjaenak等，2007）。水牛机体的散热能力不强，即便短时间内出现较高的睾丸温度，也会导致睾丸衰退和降低精子质量（Garcia等，2010）。THI对于水牛繁殖功能具有重要作用，当THI>75时对水牛繁殖性能会产生重要影响。体况评分直接影响母水牛的繁殖力（Vale，2007），体况评分<2.5的母牛其产后排卵时间会推迟，发情症状不明显或需要多次配种才能受胎。

表2-4　不同气温下水牛体温的变化（℃）

气温	4	8	15	17	24	28	34	37
体温	36.9	37.2	38.0	38.1	38.6	38.9	39.4	39.9

刘深贺等（2016）研究了春、夏季节水牛生产性能随THI变化的动态关系，结果表明，水牛的直肠温度、产奶量和呼吸频率在THI<78时保持相对稳定；当THI≥78时直肠温度和呼吸频率出现大幅度上升，产奶量出现大幅度下降；当78≤THI<86时，纯种地中海水牛直肠温度和呼吸频率分别较杂种水牛的高0.3℃和7.6次/min。Verma等（2016）研究表明，在人工授精前后3h将水牛转移至安装有空调的房间中（温度维持在26~30℃，相对湿度为55%~60%）进行降温处理具有提高水牛受胎率的趋势。在一定的温度范围内，动物依靠物理性调节可维持机体正常体温的温

度范围称为等热区，奶水牛等热区范围为 5～25℃（Roenfeldt，1998）。等热区内水牛的行为、消化、繁殖、产奶、免疫等具有最佳表现。我国水牛虽然一年四季都发情，但具有明显的旺季和淡季之分。据记录，从 8 月开始滨湖水牛发情母牛数量逐渐上升，有56％的母牛在 8—10 月发情配种，然后又逐月下降至第二年的 5月，连续 3 年在 6—7 月都无母牛发情，这也与使役有一定关系。摩拉水牛在每年 6—12 月有 84％的母牛发情，处在发情旺季；1—5 月仅有 16％的母牛发情，处在发情淡季（章纯熙等，2000）。河流型水牛可适应 4～46℃范围内的温度。水牛生长和繁殖比较理想的气候条件应当是：温度 13～18℃，平均湿度 55％～65％，风速5～8km/h（Payne，1990）。Curdeli（2011）认为，舒适温度应该为 21℃。在犊牛阶段，温度适中区范围应该为 15～25℃，出生及 2 周后的最低温度范围为 9～15℃。因此，冬天时需要注意犊牛的防寒保暖。

温度变化可通过影响采食量进而影响水牛的生长速度，出现热应激会降低营养物质的摄入量以减少热增量，由此造成水牛的营养供应不足，生产性能降低。在 32～39℃温度下，水牛对矿物质元素，如钾、钠、钙等的排出量相比 25～32℃下分别增加了 37％、23％和 30％，血清中矿物质元素含量明显下降（Aboul-Naga，1983）。短期热应激会降低摩拉水牛干物质的采食量，并且伴随负氮平衡，但在长期热应激情况下水牛干物质的消化率得到了提高（Verma 等，2000b）。热应激的时间对消化率和瘤胃通过率的影响关系较为复杂，在热应激情况下水牛消化道表现出对环境的自适应性，降低了消化道的蠕动速度并由此减慢了食糜的通过率，表现出高温环境对饲料养分消化率具有促进作用。水牛产奶量越高，其采食量就越多，但在热应激状态下会减少采食量以达到降低产热的目的，这与高产奶量相矛盾。高产水牛因其高产奶量过程中产生更多的代谢热量，所以更易受到热应激的影响。当 THI 为 35～72 时，

水牛产奶量不受热应激的影响（Soumya 等，2015）。高温影响水牛乳房细胞发育，水牛在秋、冬季比春、夏季具有更高的产奶量（Bohmanova 等，2007），但研究显示乳腺细胞的线粒体 DNA 和形态结构并未发生改变（Francesco 等，2012）。在热应激情况下，随着 THI 的增加产奶量会降低 35%～40%，高产水牛每天损失牛奶可达 8～9L；但对于低产水牛，热应激对其产奶量影响较小（Ferreira 等，2013）。

二、空间大小

对水牛进行空间限制，即包括生理（运动限制、肢体损伤、休息空间减少）和心理（强制非竞争性互动）部分的限制，可导致水牛发生应激。空间限制导致水牛生产性能下降的原因可归于采食量下降或者饲料转化效率降低。在意大利，每个圈舍饲养 7～10 头水牛是比较普遍的现象，按每群 7～14 头规模饲养时不影响水牛的生长性能、肌肉嫩度、行为及免疫反应（Masucci 等，2016）。Napolitano 等（2012）研究表明，水牛在熟悉的 5.0 m ×4.6 m 漏缝地板圈内比在户外新围栏中更为安静，焦虑更少。符俊等（2014）建议，成年水牛的牛床面积为 $2.6m^2$，育成牛的牛床面积为 $1.98m^2$；成年水牛和育成牛的运动场面积每头应达 $20m^2$，犊牛的运动场面积为每头 $10m^2$。

三、水牛舍 THI 变化规律

根据广西壮族自治区水牛研究所 2017—2018 年实测数据显示，广西省南宁市水牛舍 THI 范围：春季为 69.77～78.45，夏季为 81.47～82.54，秋季为 69.71～83.09，冬季为 54.78～62.9，全年 THI 范围为 54.78～83.09。其中，9 月最高，2 月最低，4—9 月均超过 75。广西水牛舍温湿指数全年变化规律见图 2-1。

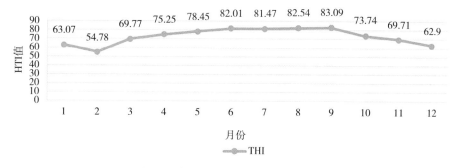

图 2-1　水牛舍内温湿指数月动态变化

四、水牛体温变化规律

泌乳期水牛 THI、体表温度（body surface temperature，BST）和直肠温度（rectal temperature，RT）变化趋势见图 2-2。水牛体表温度变化规律与 THI 基本一致，全年体表温度范围24.6～34.02℃。其中，2 月水牛体表温度最低，9 月最高，与 THI 一致；水牛直肠温度波动不大，变化规律不明显，但最低和最高温度与THI 一致，在 2 月最低温度为 37.99℃，9 月温度最高为 38.34℃。泌乳期水牛 THI 与呼吸频率（respiratory rate，RR）变化趋势见

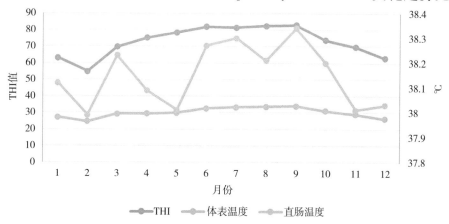

图 2-2　泌乳期水牛 THI、体表温度和直肠温度变化曲线

图 2-3。水牛呼吸频率均值范围为 7.97~18.08 次/min，其中 2 月最低，7 月最高，变化趋势与 THI 的基本一致。

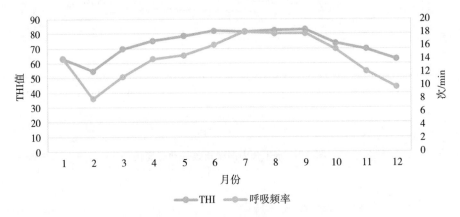

图 2-3　泌乳期水牛 THI 与呼吸频率变化曲线

根据广西壮族自治区水牛研究所 2017　2018 年实测数据：水牛发情率以夏季最高，但受胎率最低；冬季最低，但受胎率最高；春季发情率和受胎率均略低于秋季。水牛繁殖率以夏季最高，全年四季均超过 90%；成活率以春季最低，秋季最高。春季气温波动大，易造成新生犊牛死亡，因此应加强春季新生犊牛的管理。不同季节水牛生产性能见表 2-5。水牛受胎率与发情率呈显著相关性；THI 指数与发情率和受胎率呈显著相关性，在高 THI 值月采取缓解热应激的措施能提高受胎率。温湿指数和水牛生产性能相关性见表 2-6。

表 2-5　不同季节水牛生产性能差异

季节	发情率	受胎率	繁殖率	成活率
春季（3—5 月）	0.833 3[b]	0.266 7[b]	0.905 6[b]	0.660 3[c]
夏季（6—8 月）	0.918 9[a]	0.178 5[c]	0.964 2[a]	0.875 0[a]
秋季（9—11 月）	0.869 6[ab]	0.300 0[b]	0.904 2[b]	0.882 9[a]
冬季（12 月至翌年 2 月）	0.638 8[c]	0.391 3[a]	0.949 5[a]	0.823 5[b]
P 值	0.000 0	0.000 0	0.011 1	0.000 0

注：以上数据仅限于采用同期发情及人工授精技术处理后的统计数据，同列上标不同小写字母表示差异显著（$P<0.05$），相同小写字母表示差异不显著（$P>0.05$）。

表 2-6 温湿指数和生产性能指标相关性分析

指标	发情率	受胎率	繁殖率	成活率	THI
发情率	1				
受胎率	−0.849**	1			
繁殖率	−0.202	−0.132	1		
成活率	0.171	−0.046	0.347	1	
THI	0.891**	−0.819**	−0.071	0.108	1

注：** $P < 0.01$。

第三章
水牛饲养环境参数及限值

第一节 热 环 境

水牛生长和繁殖比较理想的气候条件应当是：13～18℃，平均湿度范围 55%～65%，风速 5～8km/h（Payne，1990）。

水牛直肠温度的正常值范围是 36.1～38.5℃，平均为 37.38℃，呼吸频率为 9～13 次/min，脉搏跳动次数为 45～50 次/min，我国水牛较适宜的温度范围为 8～28℃（章纯熙等，2000）。

笔者在前期大量研究的基础上建立了水牛舒适指数评价模型，其中泌乳期水牛三套评价指数模型分别为：

$$E1 = 0.881 \times AT + 0.194 \times RH + 0.455 \times BGT -$$
$$0.347 \times WBT + 0.032 \times DPT$$
$$P1 = 0.578 \times BST + 0.047 \times RT + 0.429 \times RR$$
$$E2 = 0.602 \times AT + 0.137 \times RH + 0.421 \times BGT$$
$$P2 = 0.584 \times BST + 0.048 \times RT + 0.421 \times RR$$
$$E3 = 1.016 \times AT + 0.139 \times RH$$
$$P3 = 0.654 \times BST + 0.381 \times RR$$

式中，E 代表环境指数模型，P 代表生理指数模型，AT 为干球温度，RH 为相对湿度，BGT 为黑球温度，WBT 为湿球温度，

DPT 为露点温度，RT 为直肠温度，RR 为呼吸频率。

根据得出的预测模型可以判断泌乳期水牛的舒适状态，具体阈值见表 3-1。

表 3-1　泌乳期水牛舒适状态阈值

指数	Mean±SD	舒适	临界	应激	危险
$E1$	42.65±7.29	≤42.65	42.65～49.94	49.94～57.23	≥57.23
$P1$	25.47±3.27	≤25.47	25.47～28.74	28.74～32.01	≥32.01
$E2$	37.07±6.97	≤37.07	37.07～44.04	44.04～51.01	≥51.01
$P2$	25.57±3.26	≤25.57	25.57～28.83	28.83～32.09	≥32.09
$E3$	37.15±6.91	≤37.15	37.15～44.06	44.06～50.97	≥50.97
$P3$	25.30±3.34	≤25.30	25.30～28.64	28.64～31.98	≥31.98

干奶期水牛舒适环境评价模型分别为：

$$E1 = 1.874 \times AT + 0.176 \times RH - 0.151 \times BGT - 0.159 \times WBT - 0.629 \times DPT$$

$$P1 = 0.868 \times BST - 0.05 \times RT + 0.197 \times RR$$

$$E2 = 1.353 \times AT - 0.112 \times RH - 0.399 \times BGT$$

$$P2 = 0.837 \times BST - 0.018 \times RT + 0.204 \times RR$$

$$E3 = 0.964 \times AT - 0.151 \times RH$$

$$P3 = 0.811 \times BST + 0.218 \times RR$$

式中，各字母代表的含义同泌乳期水牛。

根据得出的预测模型可以判断干奶期水牛的舒适状态，具体阈值见表 3-2。

表 3-2　干奶期水牛的舒适状态阈值

指数模型	Mean±SD	舒适	临界	应激	危险
$E1$	41.76±6.08	≤41.76	41.76～47.84	47.84～53.92	≥53.92
$P1$	26.61±4.29	≤26.61	26.61～30.90	30.90～35.11	≥35.11
$E2$	16.63±3.55	≤16.63	16.63～20.18	20.18～23.73	≥23.73
$P2$	27.00±4.21	≤27.00	27.00～31.21	31.21～35.42	≥35.42

（续）

指数模型	Mean±SD	舒适	临界	应激	危险
E3	14.27±2.91	≤14.27	14.27～17.18	17.18～20.09	≥20.09
P3	27.10±4.18	≤27.10	27.10～31.28	31.28～35.46	≥35.46

第二节　空气环境

一、氨气

牛舍内的氨气主要来源于密集饲养的牛排泄后分解产生的，对其他水牛和人都有一定的危害。一方面，氨气能影响黏膜细胞，使黏膜细胞的代谢速度变快；另一方面，氨气的解毒需要耗能。不同季节泌乳期水牛舍空气中的 NH_3 含量昼夜变化见图 3-1。泌乳期水牛舍内 16：00～20：00 的氨气浓度普遍高于其他时间段，并出现全天最高峰值浓度,全天氨气浓度的波动范围在 7.18～12.29mg/m³，泌乳期水牛舍内不同季节平均氨气浓度波动范围在8.66～9.27mg/m³。其中，以春季浓度最高，秋季浓度最低。

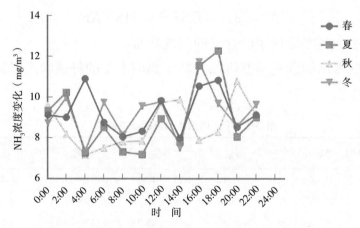

图 3-1　不同季节泌乳期水牛舍空气中 NH_3 浓度的昼夜变化

二、二氧化碳

对于水牛而言，二氧化碳本身没有毒性，一定量的二氧化碳能够促进水牛呼吸，提高其生产力，但水牛长期生活在高浓度二氧化碳的舍内会导致其采食量下降进而引起生产水平下降。水牛舍内的二氧化碳很少能达到有害水平，只有通风系统损坏导致牛舍内完全不通风时水牛才会因缺氧而死亡。生产中，常用二氧化碳在牛舍内的含量变化情况来评定舍内的通风状况。

三、硫化氢

牛舍内硫化氢（H_2S）的浓度主要受温度、通风、日粮的影响。微生物分解粪便中的硫酸盐是牛舍内 H_2S 产生的主要原因，此外高蛋白质饲粮不完全利用时可经肠道排出大量 H_2S。开放式水牛舍内 H_2S 含量一般低于 $0.5mg/m^3$。水牛舍一般为敞开式，其 H_2S 浓度一般在标准规定范围内，但总的排放量及是否对周围环境造成一定的影响仍有待进一步的研究。

第四章
水牛饲养环境控制案例

第一节　水牛标准化养殖小区饲养模式
防暑降温案例

水牛标准化养殖小区模式是把分散的杂交水牛集中起来进行养殖，采用统一防疫、集中挤奶、统一销售的标准养殖模式，以加快推进水牛养殖环节的规模化、集约化、标准化，逐步解决水牛养殖规模小而散的问题。养殖小区模式的建设原则如下：

一、四统一分

即统一规划、统一布局、统一管理、统一服务，分户饲养。

二、适度规模

每个养殖小区至少有 50 头水牛。

三、经济实用

栏舍建设要科学实用，既能满足饲养水牛需要，符合防疫卫生要求，又要经济实用。

四、牛草配套

每个养殖小区应配套相应数量的牧草地，保证草料的均衡足额供给。

五、环保生态

每个养殖小区均应建有完善的排污及沼气池等配套环保设施，以利于保护生态环境。

水牛养殖小区实行统一规划建设，配套建设配种室、兽医室、沼气池等，规模大的小区还配套牛奶保鲜冷库。部分地市小区存栏水牛数量已经超过当地乳用水牛存栏数的35%。品种改良后生产的母牛用于挤奶，公牛则用于耕作或育肥，实现奶水牛的"粪尿-沼气、糟渣、沼液-饲料、粮食-水牛、奶产品"生态发展模式。在小区饲养模式下，牛舍防暑降温设施主要以遮阴棚、风扇为主，极少设置专门泡水的池塘（图4-1）。

图 4-1　水牛养殖小区饲养模式
（资料来源：张华智，2020）

第二节　水牛集约化养殖模式防暑降温案例

水牛集约化养殖模式是以市场为导向，采取养殖规模化、操作机械化、处理无害化、管理科学化、饲料利用本地化的管理方式，具有良好经济效益、生态效益和社会效益，以及生态、环保、节能、循环和可持续性。集约化养殖模式下，其饲料来源一般有两种：一是自己种植牧草；二是充分利用本地饲料资源，如啤酒糟、菠萝皮、木薯渣、甘蔗梢等。栏舍屋顶上方均装有淋浴喷雾器或管道冷气和电风扇以供牛淋浴降温，侧面一般装有遮阳网防晒。集肉用水牛生态循环养殖、饲料生产、屠宰分割、食品加工、油脂加工、冷链物流、销售、有机肥生产、无害化处理于一体的全产业链现代化食品集团公司——广西龙州甘牛养殖有限公司水牛圈舍内部情况见图4-2。广西东园生态农业科技有限公司"蒸酒—酒渣（动植物药渣）下脚料—水牛（牛胎衣、牛鞭）—微生物有机肥和沼气（发电、蒸酒、保健酒）—有机种植和蒸酒—酒渣（动植物药渣）下脚料—乳用水牛"为主链的循环经济模式图及牛舍状况见图4-3。在集约化饲养条件下，水牛的防暑降温设施包括大型风机、遮阳网、喷淋装置和水塘，饲养条件较好的养殖场甚至配备牛舍专用冷风管道（图4-2）。

图 4-2　广西龙州甘牛养殖有限公司水牛圈舍内部情况

（资料来源：杨承剑，2020）

图 4-3　广西东园生态农业科技有限公司循环经济模式图

（资料来源：傅伟文，2020）

主要参考文献

陈雯雯，李津，郑威，等，2012. 高温高湿对奶水牛生理和抗氧化指标的影响［J］. 广西畜牧兽医，28（4）：226-228.

符俊，何春，曾国茂，2014. 提高奶水牛泌乳量的管理措施［J］. 四川畜牧兽医，41（5）：44-45.

刘深贺，于垚垚，王力军，等，2016. 温湿度指数对水牛生理指标和生产性能的影响［J］. 中国奶牛（12）：1-4.

齐昱，邢燕平，潘静，等，2017. 基于皮肤组织转录组数据研究水牛与黄牛温度适应性的差异［J］. 中国畜牧兽医，44（7）：1906-1914.

章纯熙，2000. 中国水牛科学［M］. 南宁：广西科学技术出版社.

Publishing C，1995. Model code of practice for the welfare of animals：farmed buffalo［M］. Australia，Victoria：CSIRO Publishing.

Aboul-Naga A I，1983. The role of heat induced physiological changes of minerals metabolism in the heat stress syndrome in cattle［D］. Egypt：Mansoura University.

Aggarwal A，Singh M，2006. Effect of water cooling on physiological responses，milk production and composition of *Murrah buffaloes* during hot-humid season［J］. IndianJournal of Dairy Science，59（6）：386-389.

Ahmad M，Bhatti J A，Abdullah M，et al，2019. Different ambient management intervention techniques and their effect on milk production and physiological parameters of lactating Nili Ravi buffaloes during hot dry summer of subtropical region［J］. Tropical Animal Health and Production，51（4）：911-918.

Baumgard L H，Rhoads R P，2013. Effects of heat stress on postabsorptive metabolism and energetics［J］. Annual Review of Animal Biosciences，1（1）：311-337.

Bohmanova J，Misztal I，Cole J，2007. Temperature-humidity indices as indicators of milk production losses due to heat stress［J］. Journal of Dairy Science，90（4）：1947-1956.

Borghese A，2013. Buffalo livestock and products in Europe［J］. Buffalo Bulletin，32

(1)：50-74.

Bouraoui R, Lahmar M, Majdoub A, et al, 2002. The relationship of temperature-humidity index with milk production of dairy cows in a Mediterranean climate [J]. Animal Research, 51 (6)：479-491.

Brito L F, Silva A E, Unanian M M, et al, 2004. Sexual development in early-and late-maturing *Bos* indicus and *Bos indicus* × *Bos taurus* crossbred bulls in Brazil [J]. Theriogenology, 62 (7)：1198-1217.

Buffington D, Collazo-Arocho A, Canton G, et al, 1981. Black globe-humidity index (BGHI) as comfort equation for dairy cows [J]. Transactions of the ASAE, 24 (3)：711-714.

Da Silva J A R, de Araújo A A, Júnior J D B L, et al, 2015. Thermal comfort indices of female *Murrah buffaloes* reared in the Eastern Amazon [J]. International Journal of Biometeorology, 59 (9)：1261-1267.

Dahl G, Buchanan B, Tucker H, 2000. Photoperiodic effects on dairy cattle: a review [J]. Journal of Dairy Science, 83 (4)：885-893.

Das K, Singh J, Singh G, et al, 2014. Heat stress alleviation in lactating buffaloes: effect on physiological response, metabolic hormone, milk production and composition [J]. Indian Journal of Animal Science, 84 (3)：275-280.

Dash S, Chakravarty A, Sah V, et al, 2015. Influence of temperature and humidity on pregnancy rate of *Murrah buffaloes* under subtropical climate [J]. Asian-AustralasianJournal of Animal Sciences, 28 (7)：943.

Desta T T, 2012. Introduction of domestic buffalo (*Bubalus bubalis*) into Ethiopia would be feasible [J]. Renewable Agriculture and Food Systems, 27 (4)：305-313.

Du Preez J, 2000. Parameters for the determination and evaluation of heat stress in dairy cattle in South Africa [J]. Onderstepoort Journal of Veterinary Research, 67 (4)：263-271.

El-Wardani M, El-Asheeri K, 2000. Influence of season and number of heat checks on detecting of ovulatory estrus in Egyptian buffaloes [J]. Egyptian Journal of Animal Production, 37 (1)：1-8.

Elahi E, Abid M, Zhang H, et al, 2018. Domestic water buffaloes: access to surface water, disease prevalence and associated economic losses [J]. PreventiveVeterinary Medicine, 154：102-112.

Elkaschab S, Omar S, Ghoneim E M, et al, 2017. Using multiple behavioral criteria to assess buffaloes on-farm welfare [J]. Menoufia Journal of Animal Poultry and Fish Production，1 (1)：1-10.

Ferreira R M，Macabelli C H，Carvalho N A T D，et al，2013. Molecularevaluation of developmental competence of oocytes collected *in vivo* from buffalo and bovine heifers during winter and summer [J]. Buffalo Bulletin，32：596-600.

Francesco S D，Novoa M V S，Vecchio D，et al，2012. Ovum pick-up and in vitro embryo production（OPU-IVEP）in Mediterranean Italian buffalo performed in different seasons [J]. Theriogenology，77 (1)：148-154.

Garcia O，Vale W，Garcia A，et al，2010. Experimental study of testicular insulation in buffalo [J]. Revista Veterinária，21 (Suppl. 1)：895-897.

Ghoneim E M，Omar S，El-Dahshan E，2018. Measuring welfare of Egyptian buffaloes in different management systems [J]. Journal of Animal and Poultry Production，9 (10)：407-414.

Hansen P J，Drost M，Rivera R M，et al，2001. Adverse impact of heat stress on embryo production：causes and strategies for mitigation [J]. Theriogenology，55 (1)：91-103.

Jegoda M N，2015. Effect of foggers on production performance and feed intake of Mehsana buffaloes in summer season [J]. Indian Journal of Dairy Science，68 (4)：376-378

Kaplan Y，Bozkurt Z，Tekerli M，2018. Evaluation of water buffalo holdings in Yozgat Province in terms of environmental factors affecting animal welfare [J]. Lalahan Hayvancılık Araştırma Enstitüsü Dergisi，58 (2)：67-76.

Khan Z U，Khan S，Ahmad N，et al，2007. Investigation of mortality incidence and managemental practices in buffalo calves at commercial dairy farms in Peshawar City [J]. Journal of Agricultural and Biological Science，2 (3)：16-22.

Koga A，Kuhara T，Kanai Y，2002. Comparison of body water retention during water deprivation between swamp buffaloes and Friesian cattle [J]. The Journal of Agricultural Science，138 (4)：435-440.

Koonjaenak S，Chanatinart V，Ekwall H，et al，2007. Morphological features of spermatozoa of swamp buffalo AI bulls in Thailand [J]. Journal of Veterinary Medicine Series A，54 (4)：169-178.

Kul E，Filik G，Şahin A，et al，2018. Effects of some environmental factors on birth weight of Anatolian buffalo calves [J]. Turkish Journal of Agriculture-Food Science

and Technology, 6 (4): 444-446.

Kumar S, Gulati H K, Rohila H, et al, 2019. Effect of managemental conditions like housing systems and levels of feeding on body measurement in murrah buffalo calves in hot-humid weather [J]. Journal of Entomology and Zoology Studies, 7 (1): 1275-1277.

Marai I, Ayyat M, El-Monem U A, 2001. Growth performance and reproductive traits at first parity of New Zealand White female rabbits as affected by heat stress and its alleviation under Egyptian conditions [J]. TropicalAnimal Health and Production, 33 (6): 451-462.

Masucci F, De Rosa G, Barone C, et al, 2016. Effect of group size and maize silage dietary levels on behaviour, health, carcass and meat quality of Mediterranean buffaloes [J]. Animal, 10 (3): 531-538.

McCool C, Entwistle K, 1989. The effects of capture stress on testis function in the Australian Swamp buffalo (*Bubalus bubalis*) [J]. Theriogenology, 31 (3): 595-612.

Megahed G A, Anwar M M, Wasfy S I, et al, 2010. Influence of heat stress on the cortisol and oxidant-antioxidants balance during oestrous phase in buffalo-cows (*Bubalus bubalis*): thermo-protective role of antioxidant treatment [J]. Reproduction in Domestic Animals, 43.

Napolitano F, De Rosa G, Grasso F, et al, 2012. Qualitative behaviour assessment of dairy buffaloes (*Bubalus bubalis*) [J]. Applied Animal Behaviour Science, 141 (3-4): 91-100.

Napolitano F, Serrapica F, Braghieri A, et al, 2019. Human-animal interactions in dairy buffalo farms [J]. Animals, 9 (5): 246.

Penev T, Radev V, Slavov T, et al, 2014. Effect of lighting on the growth, development, behaviour, production and reproduction traits in dairy cows [J]. International Journal of Current Microbiology and Applied Sciences, 3 (11): 798-810.

Perera B, 2011. Reproductive cycles of buffalo [J]. Animal Reproduction Science, 124 (3/4): 194-199.

Rane R S T R, Mali S I, 2003. Microclimate studies in buffalo farm shelter [C]. Pages 185-186 in Proc. Proceedings of the 4th Asian Buffalo Congress, New Delhi, India.

Ravagnolo O, Misztal I, 2002. Effect of heat stress on nonreturn rate in holsteins: fixed-model analyses [J]. Journal of Dairy Science, 85 (11): 3092-3100.

Rensis F D, Scaramuzzi R J, 2003. Heat stress and seasonal effects on reproduction in the dairy cow-a review [J]. Theriogenology, 60 (6): 1139-1151.

Roenfeldt S, 1998. You can't afford to ignore heat stress [J]. Dairy Herd Management, 35: 6-12.

Roth Z, Meidan R, Braw-Tal R, et al, 2000. Immediate and delayed effects of heat stress on follicular development and its association with plasma FSH and inhibin concentration in cows [J]. Journal of Reproduction and Fertility, 120 (1): 83-90.

Roy A K, Singh M, Kumar P, et al, 2016. Effect of extended photoperiod during winter on growth and onset of puberty in Murrah buffalo heifers [J]. Veterinary World, 9 (2): 216.

Safari A, Hossein-Zadeh N G, Shadparvar A A, et al, 2018. A review on breeding and genetic strategies in Iranian buffaloes (*Bubalus bubalis*) [J]. TropicalAnimal Health and Production, 50 (4): 707-714.

Savsani H, Padodara R, Bhadaniya A, et al, 2015. Impact of climate on feeding, production and reproduction of animals-A Review [J]. Agricultural Reviews, 36 (1): 26-36.

Sevegnani B, Toledo M D, Júnior A, et al, 2007. Effect of environmental variables on buffaloes physiology [J]. Italian Journal of Animal Science, 6 (2): 1333-1335.

Singh C, Barwal R, 2010. Buffalo breeding research and improvement strategies in India [J]. Revista Veterinaria, 21 (1): 1024-1031.

Swanson J C, 2017. Animal welfare issues in dairy farming [C]. Proceedings of International Buffalo Symposium 2017. Agriculture and Forestry University, Chitwan, Nepal.

Vale W, 2007. Effects of environment on buffalo reproduction [J]. Italian Journal of Animal Science, 6 (2): 130-142.

Vecchio D, Di Palo R, De Carlo E, et al, 2013. Effects of milk feeding, frequency and concentration on weaning and buffalo (*Bubalus bubalis*) calf growth, health and behaviour [J]. TropicalAnimal Health and Production, 45 (8): 1697-1702.

Verma D N, Lal S, Singh S, et al, 2000a. Effect of season on biological responses and productivity of buffaloes [J]. International Journal of Animal Sciences, 15 (2): 237-244.

Verma D N, Lal S N, Singh S P, et al, 2000b. Effect of seasons on biological responses and productivity of buffaloes [J]. International Journal of Animal Sciences, 15 (2): 237-244.

Verma K, Prasad S, Mohanty T, et al, 2016. Effect of short-term cooling on core body temperature, plasma cortisol and conception rate in *Murrah buffalo* heifers during hot-humid season [J]. Journal ofApplied Animal Research, 44 (1): 281-286.

Wankhade P R, Diwakar V K, Talokar A J, et al, 2019. Effect of photoperiod on the performances of Buffaloes: a review [J]. Journal of Entomology and Zoology Studies, 7 (1): 177-180.

Wynn P, McGill D, Aslam N, et al, 2017. The impact of extension programs to increase the productivity of the small-holder dairyfarming industry of Pakistan [J]. International Journal of Animal Sciences, 1 (2): 1008.

图书在版编目（CIP）数据

水牛健康高效养殖环境手册/杨承剑主编.—北京：
中国农业出版社，2021.6
（畜禽健康高效养殖环境手册）
ISBN 978-7-109-28585-9

Ⅰ．①水…　Ⅱ．①杨…　Ⅲ．①水牛－饲养管理－手册
Ⅳ．①S823.8-62

中国版本图书馆 CIP 数据核字（2021）第 149511 号

中国农业出版社出版
地址：北京市朝阳区麦子店街 18 号楼
邮编：100125
策划编辑：周晓艳　王森鹤
责任编辑：周晓艳
数字编辑：李沂航
版式设计：杜　然　责任校对：吴丽婷
印刷：北京通州皇家印刷厂
版次：2021 年 6 月第 1 版
印次：2021 年 6 月北京第 1 次印刷
发行：新华书店北京发行所
开本：700mm×1000mm　1/16
印张：7
字数：105 千字
定价：35.00 元